时尚编织
帽子·围巾·披肩

阿瑛 郑红／编

中国纺织出版社

内 容 提 要

　　本书共收录了45款围巾帽子，既有时尚简约的围巾、围脖，又有可爱温暖的帽子，更有甜美清新的围巾帽子两件套。丰富精美的款式实例欣赏，配以详尽的图解教程，让读者在欣赏的同时，也能跟随着教程一起动手操作，带给读者贴心的编织学习体验。

图书在版编目（CIP）数据

时尚编织帽子·围巾·披肩 / 阿瑛，郑红编. — 北京：中国纺织出版社，2016.12
　ISBN 978-7-5180-3052-1

　Ⅰ. ①时… Ⅱ. ①阿… ②郑… Ⅲ. ①帽—绒线—编织—图集②围巾—绒线—编织—图集 Ⅳ.
①TS941.763.8-64

中国版本图书馆CIP数据核字（2016）第252607号

责任编辑：刘 茸	责任印制：储志伟
编　委：石 榴　曾婉阳　谭水灵	封面设计：陈杨东易

中国纺织出版社出版发行
地址：北京市朝阳区百子湾东里A407号楼　邮政编码：100124
销售电话：010-67004416　传真：010-87155801
http://www.c-textilep.com
E-mail:faxing@c-textilep.com
湖南雅嘉彩色印刷有限公司　各地新华书店经销
2016年12月第1版第1次印刷
开本：889×1194　1 / 16　印张：10
字数：100千字　定价：32.80元

作者简介

郑红，浙江人，现居深圳。

作者从事手工工作多年，在深圳经营一家"时尚巧手毛线吧"已有十余载，该毛线吧的经营特色是为每位顾客提供免费的编织教学服务，从而受到诸多编织爱好者的拥护和喜爱。很多人在郑红的影响下，渐渐将编织作为事业经营，期望加盟到郑红的毛线吧，一起用对编织的热爱设计更多美丽的编织服装。

作者现将自己十多年积累的编织作品整理成书，让广大编织爱好者一起分享、一起探讨，把毛衣服饰织得更加时尚、个性、温暖，同时也希望更多的年轻人加入这个队伍，了解并喜欢上这个传承传统又充满新意的民间手工艺。如果您希望与作者交流，也可以通过QQ（479257861）联系并认识作者。

CONTENTS
目 录

时尚 × 简约围巾

可爱 × 保暖帽子

甜美 × 两件套

时尚
×
简约围巾

紫色｜菱格围巾
编织 方法见
第81页

NO.1

超大深灰色|
流苏围巾 ● ● ●

编织 方法见
第 82 页
NO.2

NO.3

淡紫色 | 镂空围巾
编织 方法见
第83页

浅灰色｜圆球围巾

编织 方法见
第84页

NO.4

淡紫色|●●●
粗棒针流苏围巾
编织 方法见
第86页

NO.5

紫色｜简约大围巾

编织 方法见
第87页
NO.6

紫色 ┃···
夹花圆球围巾

编织 方法见

第88页

NO.7

绿色 | 清新围脖

编织 方法见

第 89 页

NO.8

黑白 |···
圆球可爱围脖

编织 方法见
第⑨⓪页

NO.9

灰色 | 罗纹围脖

编织 方法见
第92页
NO.10

米色 | 简约围巾

编织 方法见

第93页

NO.11

16

黑色｜
麻花边小披肩
编织 方法见
第94页

NO.12

褐色 |●●●○
方块大披肩
编织 方法见
第95页

NO.13

紫灰色 ●●●●
系带披肩

编织 方法见
第96页

NO.14

可爱
×
保暖帽子

浅粉色|●●●
可爱圆球帽
编织 方法见
第98页

NO.15

米白色 | 慵懒方块帽

编织 方法见

第100页

NO.16

黄白 | 条纹帽

编织 方法见

第101页

NO.17

蓝色 |●●●|
简约保暖帽

编织 方法见

第103页

NO.18

米色 | 兔毛帽

编织 方法见

第104页

NO.19

粉紫色│方块花样貂绒帽

编织 方法见

第105页

NO.20

编织 方法见

第106页

NO.21

米色 | 镂空帽

编织 方法见

第108页

NO.22

黑白段染 | 保暖帽

编织 方法见

第109页

NO.23

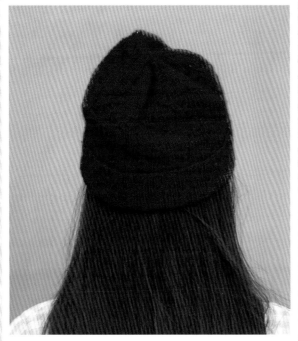

红色|卷边帽

编织 方法见

第①页

NO.24

紫色|●●●●
蝴蝶结花样帽

编织 方法见

第113页

NO.25

米色｜斜纹帽

编织 方法见

第115页

NO.26

浅灰色 | 貂绒帽

编织 方法见

第116页

NO.27

红色│圆球帽

编织 方法见

第118页

NO.28

蓝色 | 叶子花样帽

编织 方法见

第120页

NO.29

灰色｜麻花帽

编织 方法见
第121页

NO.30

黄色 ｜ 护耳圆球帽

编织 方法见

第122页

NO.31

浅灰色

菱格保暖帽

编织 方法见

第123页

NO.32

 **深玫红色|**
桂花针帽 ●●●

编织 方法见
第125页

NO.33

米色｜蝴蝶结兔绒帽

编织 方法见

第126页

NO.34

甜美
×
两件套

枣红色 | 麻花围巾、帽子

编织 方法见

第127页

NO.35

橘色 | ●●●●
小圆球围巾、帽子

编织 方法见

第129页

NO.36

灰、褐色
简约帽子、围脖

编织 方法见

第132页

NO.37

蓝色 | 斜纹帽子、围脖

编织 方法见

第134页

NO.38

灰色｜麻花帽、
竖条纹围脖

编织 方法见

第136页

NO.39

黑色｜圆球帽、
黑灰拼色围脖

编织 方法见

第138页

NO.40

米色｜波浪花样围巾、帽子

编织 方法见

第页

NO.41

白色 | 方块花样帽子、
镂空围脖 ●●●

编织 方法见

第142页

NO.42

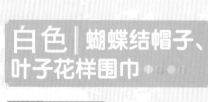

白色 蝴蝶结帽子、
叶子花样围巾 ●●●●

编织 方法见

第145页

NO.43

米色｜圆球护耳帽、
肉粉色麻花围巾 ●●●●

编织 方法见

第148页

NO.44

白色｜镂空貂绒帽、
紫白拼色镂空围脖 •••

编织 方法见

第150页

NO.45

NO.1
紫色菱格围巾

彩图见第6页

工具：
4.5mm棒针

成品尺寸：
围巾长152cm、宽25cm

材料：
中粗羊毛线 紫色350g

编织密度：
花样编织　17针×24行/10cm

结构图

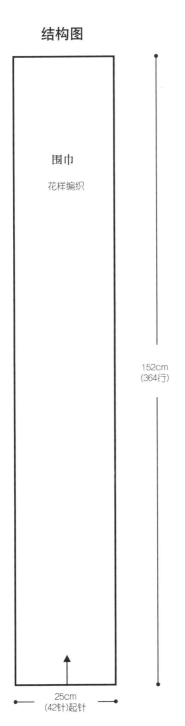

围巾

花样编织

152cm
(364行)

25cm
(42针)起针

花样编织

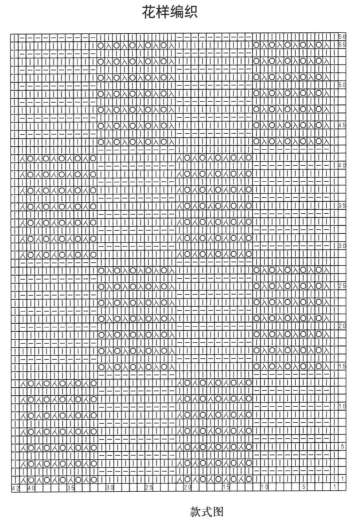

款式图

NO.2
超大深灰色流苏围巾

彩图见第7页

材料:
中粗羊毛线 深灰色600g

工具:
4mm棒针

成品尺寸:
围巾展开长217cm、宽27cm

编织密度:
花样编织 17针×20行/10cm

款式图

14cm
流苏

●=流苏位置

结构图

围巾
花样编织

189cm
(378行)

27cm
(46针)

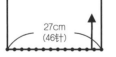
(46针)起针

花样编织

□=□

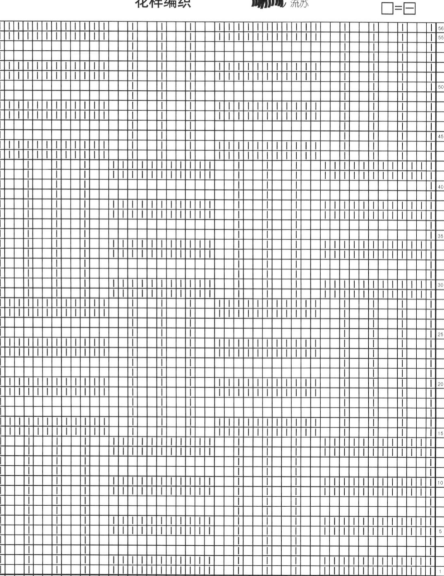

NO.3
淡紫色镂空围巾

彩图见第8页

工具：
4.5mm棒针

成品尺寸：
围巾长187cm、宽32cm

材料:
中粗羊毛线 淡紫色400g

编织密度：
花样编织 17.5针×24行/10cm

结构图

围巾
花样编织

151cm
(362行)

32cm
(56针)起针

款式图

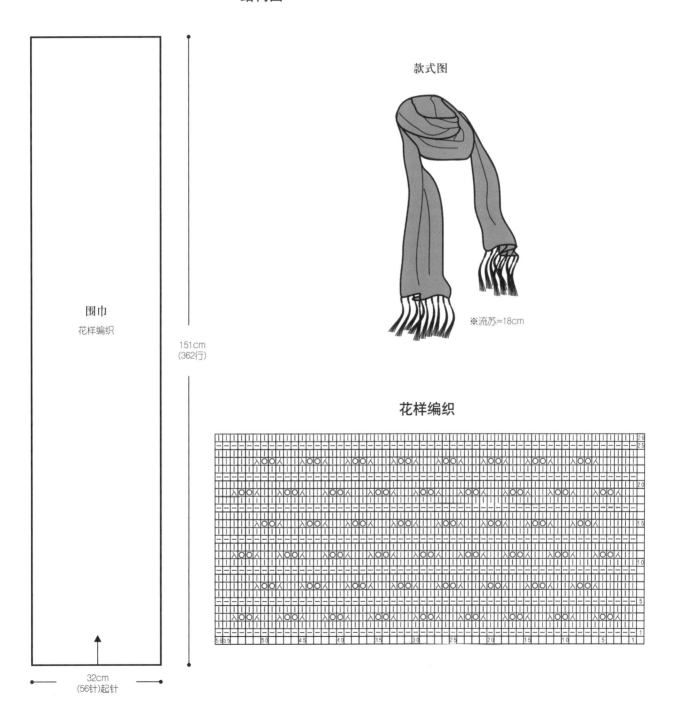

※流苏=18cm

花样编织

NO.4
浅灰色圆球围巾

彩图见第9页

材料:
中粗羊毛线 浅灰色500g

工具:
4.5mm棒针

成品尺寸:
围巾展开长191.5cm、宽24cm

编织密度:
花样编织　15针×19行/10cm

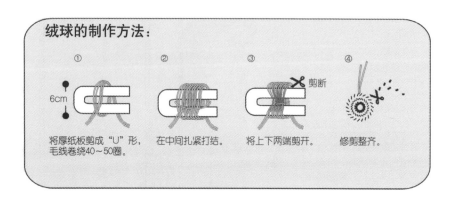

绒球的制作方法:

① 将厚纸板剪成"U"形，毛线卷绕40~50圈。

② 在中间扎紧打结。

③ 将上下两端剪开。剪断

④ 修剪整齐。

款式图

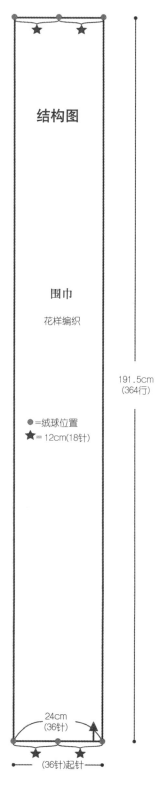

结构图

围巾

花样编织

191.5cm
(364行)

●=绒球位置
★=12cm(18针)

24cm
(36针)

(36针)起针

花样编织

NO.5
淡紫色粗棒针流苏围巾

彩图见第10页

材料:
中粗羊毛线 淡紫色400g

工具:
6.0mm棒针

成品尺寸:
围巾展开长218.5cm、宽24cm

编织密度:
花样编织 12针×17行/10cm

款式图

21cm

结构图

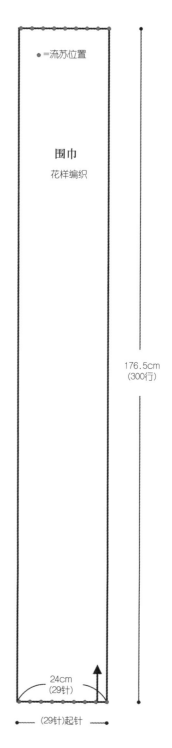

●=流苏位置

围巾
花样编织

176.5cm
(300行)

24cm
(29针)

(29针)起针

花样编织

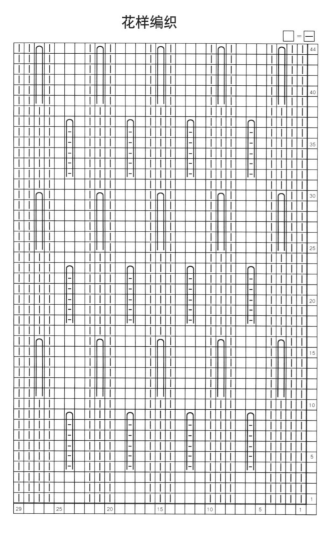

□=□

NO.6
紫色简约大围巾

彩图见第11页

材料：
中粗羊毛线 紫色400g

工具：
6.0mm棒针

成品尺寸：
围巾展开长187.5cm、宽36cm

编织密度：
花样编织 15针×16行/10cm

款式图

结构图

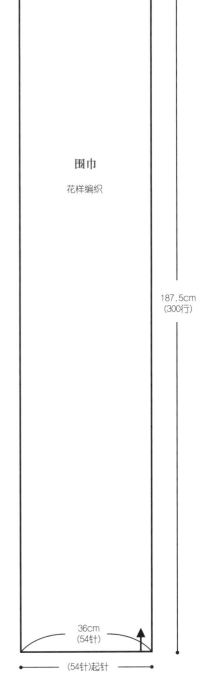

围巾

花样编织

187.5cm
(300行)

36cm
(54针)

(54针)起针

花样编织

□=□

NO.7
紫色夹花圆球围巾

彩图见第12页

材料:
中粗羊毛 紫色花式线400g

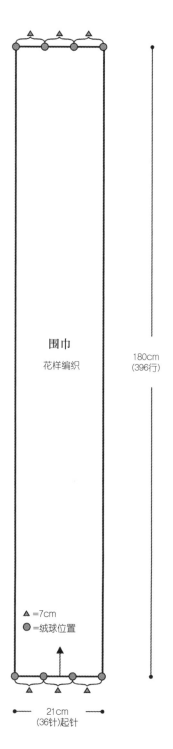

工具:
4.5mm棒针

成品尺寸:
围巾长180cm、宽21cm

编织密度:
花样编织 17针×22行/10cm

款式图　　结构图

花样编织

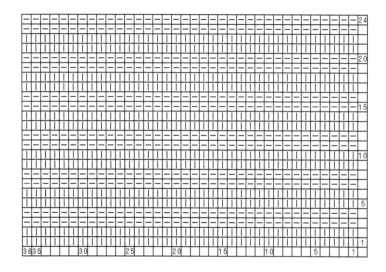

围巾
花样编织

180cm
(396行)

▲=7cm
●=绒球位置

21cm
(36针)起针

绒球的制作方法:

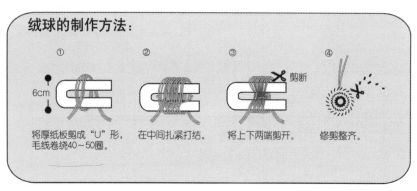

① 将厚纸板剪成"U"形,毛线卷绕40~50圈。

② 在中间扎紧打结。

③ 将上下两端剪开。　剪断

④ 修剪整齐。

6cm

NO.8
绿色清新围脖

彩图见第13页

材料:
中粗羊毛线 浅绿色250g

工具:
6.5mm棒针

成品尺寸:
围巾展开长109cm、宽28cm

编织密度:
花样编织　15针×16行/10cm

结构图

花样编织

28cm
(42针)

(42针)起针

109cm
(174行)

款式图

D =相同符号处拼接

花样编织

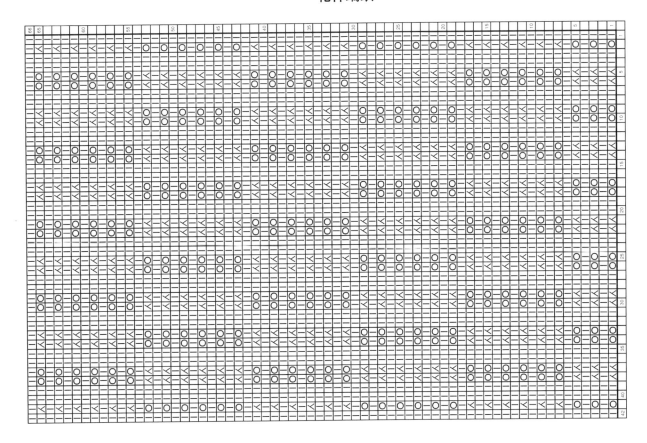

NO.9
黑白圆球可爱围脖

彩图见第14页

工具：
4.0mm棒针

成品尺寸：
围脖展开长116cm、宽25.5cm

材料：
中粗羊毛线 黑色320g、白色30g

编织密度：
花样编织 20针×21行/10cm

花样编织

□=□

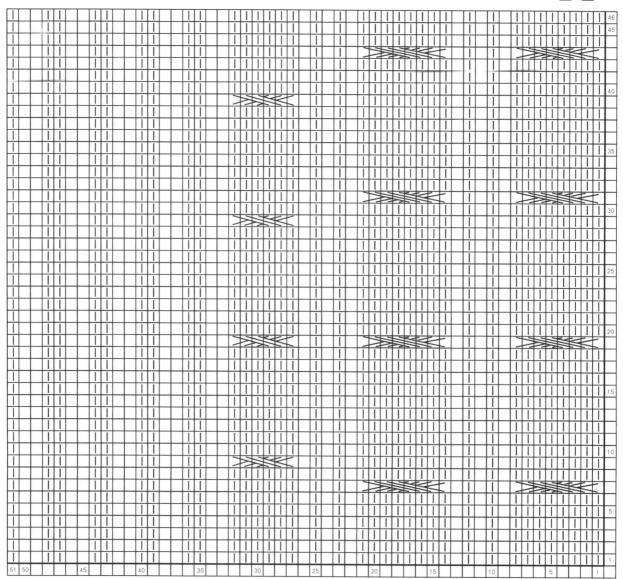

结构图

围脖

花样编织

25.5cm
(51针)

(51针)起针

21cm
(44行)

6cm
(12行)

6cm
(12行)

▷◁ =相同符号处拼接

116cm
(244行)

款式图

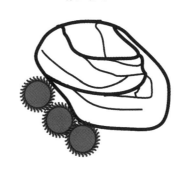

花样编织配色表

黑色	50行
白色	2行
黑色	2行
白色	2行
黑色	2行
白色	2行
黑色	28行
白色	4行
黑色	8行
白色	4行
黑色	6行
白色	4行
黑色	6行
白色	4行
黑色	4行
白色	4行
黑色	112行

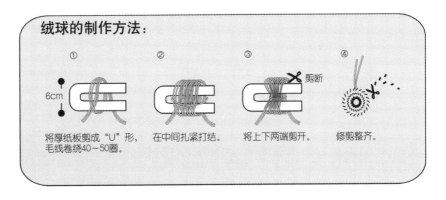

绒球的制作方法：

① 6cm
②
③ 剪断
④

将厚纸板剪成"U"形，毛线卷绕40~50圈。 在中间扎紧打结。 将上下两端剪开。 修剪整齐。

NO.10
灰色罗纹围脖

彩图见第15页

工具：
3.75mm棒针

成品尺寸：
围脖展开长58.5cm、宽38cm

材料g：
中粗羊毛线 灰色300g

编织密度：
花样编织 22针×27行/10cm

结构图

款式图

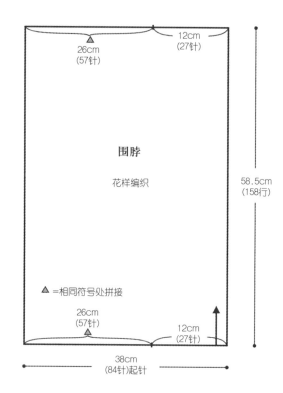

26cm
(57针)

12cm
(27针)

围脖

花样编织

58.5cm
(158行)

▲=相同符号处拼接

26cm
(57针)

12cm
(27针)

38cm
(84针)起针

花样编织

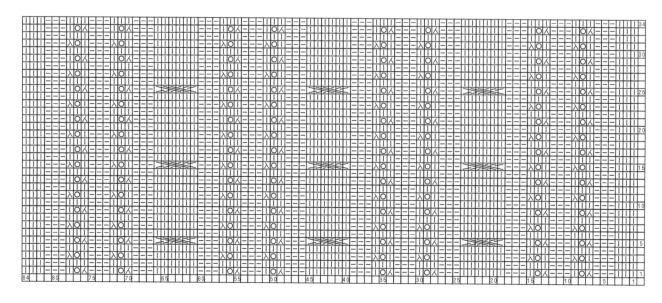

NO.11
米色简约围巾

彩图见第16页

工具：
5.5mm棒针

成品尺寸：
围巾长256cm、宽38cm

材料:
中粗羊毛线 米色400g

编织密度：
渔网针编织　14针×20行/10cm

结构图
围巾

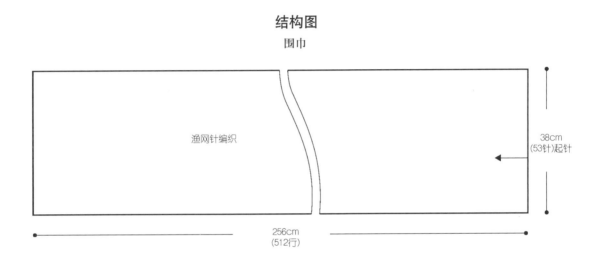

渔网针编织

256cm
(512行)

38cm
(53针)起针

渔网针编织

款式图

* 编织方法
第1行，1针上针，挑下1针不织(浮针)，1针上针。
第2行，1针下针，第2针仍织1下针。同时将前1行
浮针从正面经过的线挑到右棒针上。
第3行，挑下1针不织(浮针)，1针上针(将前面1行挑
过的线圈一起并织)。
第4行，1针下针，同时将前1行浮针从正面经过的
线挑到右手针上，1下针。

NO.12
黑色麻花边小披肩

彩图见第17页

材料:
中粗羊毛线 黑色300g

工具:
7.0mm棒针

成品尺寸:
披肩长36cm、下摆围91cm、领围80cm

编织密度:
花样编织A 9.5针×18行/10cm
花样编织B 9.5针×15行/10cm

结构图

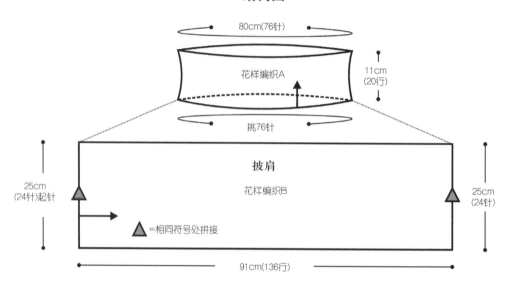

80cm(76针)

花样编织A

11cm(20行)

挑76针

披肩

花样编织B

25cm(24针)起针

25cm(24针)

▲=相同符号处拼接

91cm(136行)

款式图

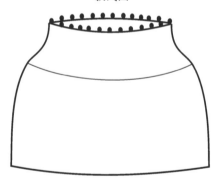

花样编织B

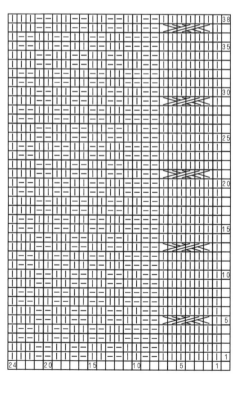

花样编织A

● =

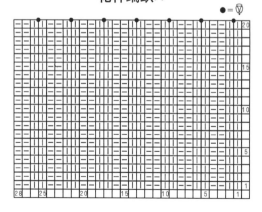

94

NO.13
褐色方块大披肩

彩图见第18页

工具：
7.0mm棒针

成品尺寸：
披肩长150cm、宽52cm

材料：
中粗羊毛线　褐色450g，直径为10mm的
纽扣5颗

编织密度：
花样编织　11针×16行/10cm

绒球的制作方法：

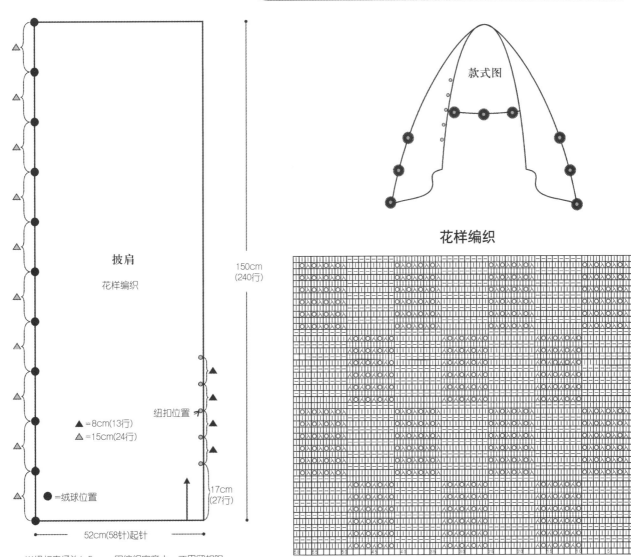

① 将厚纸板剪成"U"形，毛线卷绕40~50圈。

② 在中间扎紧打结。

③ 将上下两端剪开。剪断

④ 修剪整齐。

6cm

结构图

披肩
花样编织

150cm
(240行)

▲=8cm(13行)
△=15cm(24行)

纽扣位置

●=绒球位置

17cm
(27行)

52cm(58针)起针

※纽扣直径为1.5cm，因编织密度大，不用留扣眼。

款式图

花样编织

NO.14
紫灰色系带披肩

彩图见第20页

工具：
6.0mm棒针

成品尺寸：
披肩长44cm、下摆围90cm

材料:
中粗羊毛段染线 紫灰色系360g

编织密度：
花样编织 10针×21行/10cm

结构图

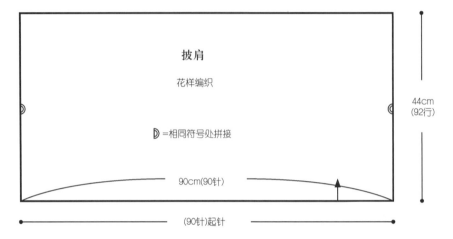

披肩

花样编织

◗=相同符号处拼接

44cm
(92行)

90cm(90针)

(90针)起针

绒球的制作方法：

① 6cm 将厚纸板剪成"U"形，毛线卷绕40~50圈。

② 在中间扎紧打结。

③ 剪断 将上下两端剪开。

④ 修剪整齐。

款式图

花样编织

□=□

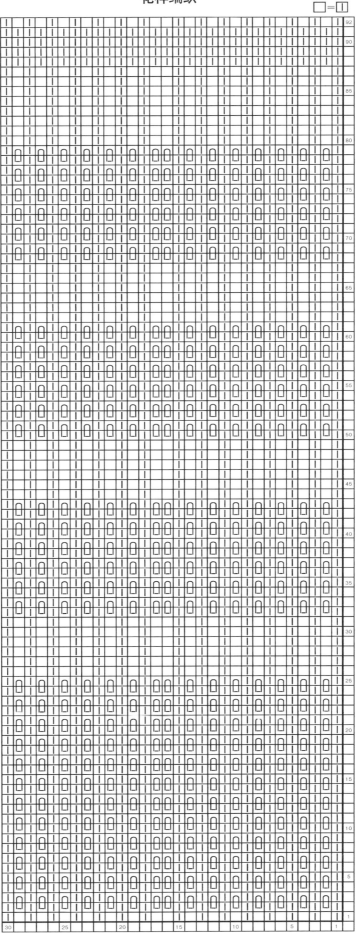

97

NO.15
浅粉色可爱圆球帽

彩图见第21页

工具:
3.75mm棒针

成品尺寸:
帽围52.5cm、帽深27cm

材料:
中粗羊毛线 浅粉色100g

编织密度:
花样编织A、B　20针×30行/10cm

结构图

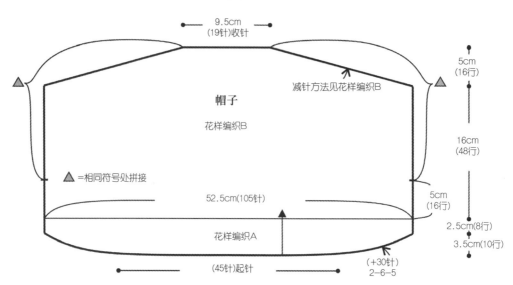

9.5cm
(19针)收针

帽子

花样编织B

减针方法见花样编织B

▲ =相同符号处拼接

5cm
(16行)

16cm
(48行)

52.5cm(105针)

5cm
(16行)

花样编织A

2.5cm(8行)

3.5cm(10行)

(45针)起针

(+30针)
2-6-5

绒球的制作方法:

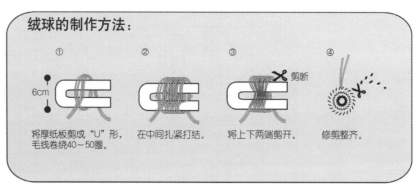

① 将厚纸板剪成"U"形,毛线卷绕40～50圈。
② 在中间扎紧打结。
③ 将上下两端剪开。
④ 修剪整齐。

6cm

剪断

花样编织A

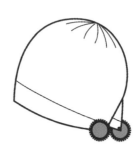

款式图

花样编织B

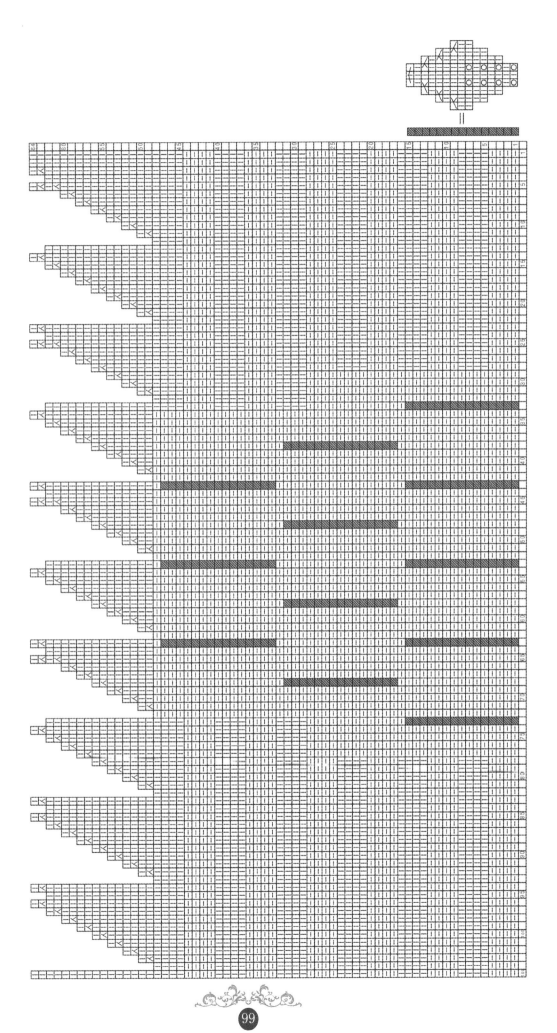

NO.16
米白色慵懒方块帽

彩图见第22页

彩图见第22页

工具：
3.75mm棒针

成品尺寸：
帽深31.5cm、帽围50.5cm

材料:
中粗羊毛线 米白色150g

编织密度：
花样编织、下针编织
18针×26行/10cm

结构图

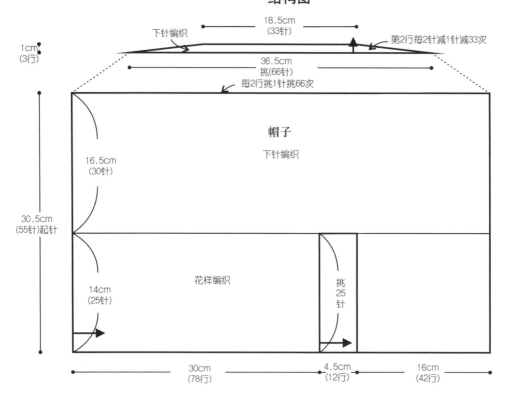

下针编织

18.5cm
(33针)

第2行每2针减1针减33次

1cm
(3行)

36.5cm
挑(66针)

每2行挑1针挑66次

帽子
下针编织

16.5cm
(30针)

30.5cm
(55针)起针

花样编织

挑
25
针

14cm
(25针)

30cm
(78行)

4.5cm
(12行)

16cm
(42行)

款式图

花样编织

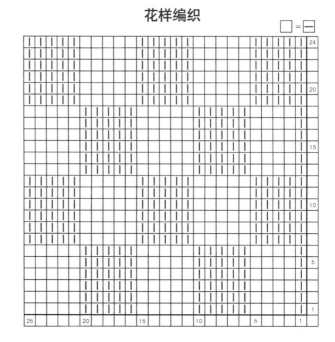

□ = 一

NO.17
黄白条纹帽

彩图见第24页

工具：
3.25mm棒针

成品尺寸：
帽深32.5cm、帽围50cm

材料:
中粗羊毛线 橙黄色70g、白色80g

编织密度：
花样编织、上针编织、双罗纹编织
20针×32行/10cm

结构图

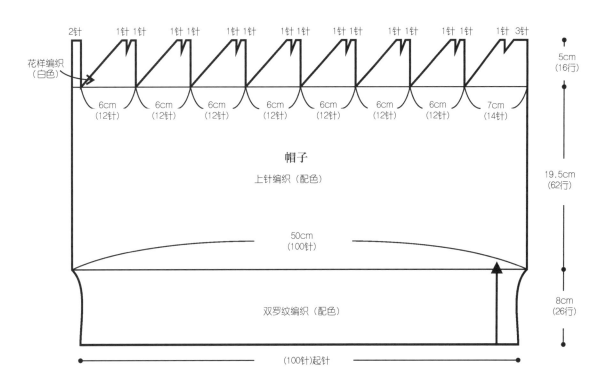

花样编织（白色）

2针　1针 1针　1针 1针　1针 1针　1针 1针　1针 1针　1针 1针　1针 3针

6cm（12针）　6cm（12针）　6cm（12针）　6cm（12针）　6cm（12针）　6cm（12针）　6cm（12针）　7cm（14针）

5cm（16行）

帽子

上针编织（配色）

19.5cm（62行）

50cm（100针）

双罗纹编织（配色）

8cm（26行）

（100针）起针

款式图

双罗纹编织配色

白色	3行
橙黄色	4行
白色	2行
橙黄色	2行
白色	2行
橙黄色	4行
白色	2行
橙黄色	2行
白色	2行
橙黄色	3行

上针编织配色

白色	1行
橙黄色	2行
白色	2行
橙黄色	2行
白色	2行
橙黄色	8行
白色	4行
橙黄色	8行
白色	4行
橙黄色	8行
白色	2行
橙黄色	2行
白色	2行
橙黄色	8行
白色	5行
橙黄色	2行

花样编织

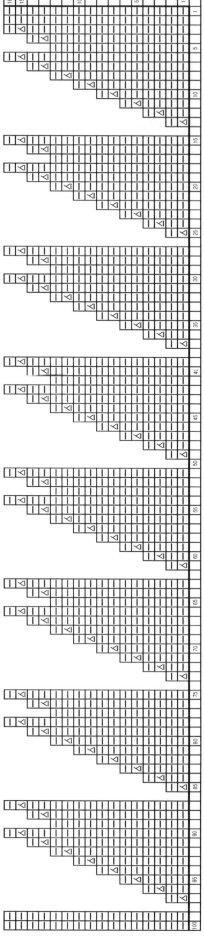

NO.18
蓝色简约保暖帽

彩图见第26页

工具：
6.0mm棒针

成品尺寸：
帽围66cm、帽深23cm

材料:
中粗羊毛花线 蓝白色式150g

编织密度：
花样编织 10.5针×22行/10cm

结构图

款式图

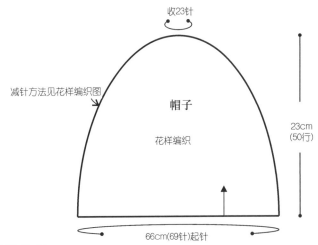

收23针

减针方法见花样编织图

帽子

花样编织

23cm
(50行)

66cm(69针)起针

花样编织

NO.19
米色兔毛帽

彩图见第28页

工具：
5.5mm棒针

成品尺寸：
帽围40cm、帽深32cm

编织密度：
花样编织A、B　19针×24行/10cm
花样编织C　23针×24行/10cm

材料:
中粗毛线　米色100g

结构图

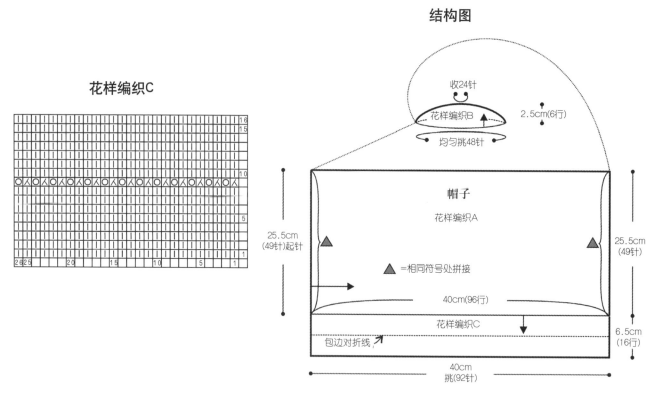

收24针

花样编织B

均匀挑48针

2.5cm(6行)

帽子

花样编织A

25.5cm
(49针)起针

▲=相同符号处拼接

25.5cm
(49针)

40cm(96行)

花样编织C

6.5cm
(16行)

包边对折线

40cm
挑(92针)

花样编织C

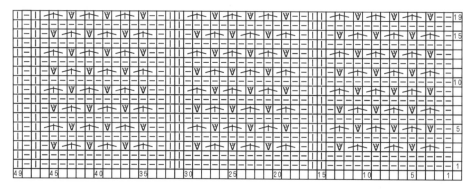

花样编织A

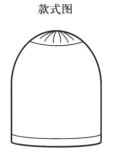

款式图

花样编织B

NO.20
粉紫色方块花样貂绒帽

彩图见第30页

工具:
3.75mm棒针

成品尺寸:
帽围49cm、帽深29cm

材料:
中粗貂绒线 粉紫色100g

编织密度:
花样编织 16针×32行/10cm

结构图

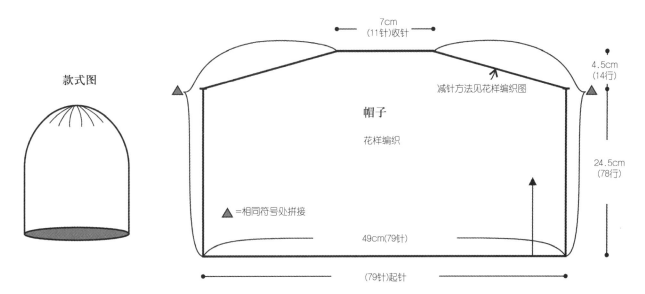

款式图

7cm
(11针)收针

4.5cm
(14行)

减针方法见花样编织图

帽子

花样编织

24.5cm
(78行)

▲=相同符号处拼接

49cm(79针)

(79针)起针

花样编织

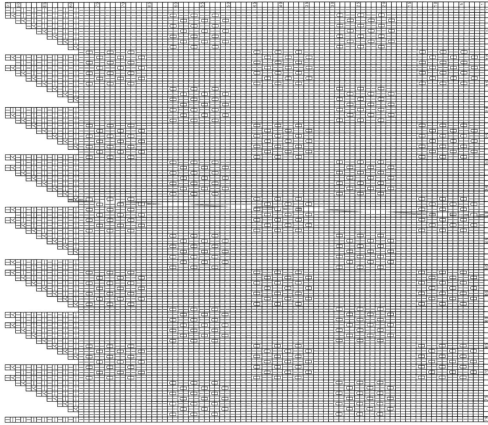

NO.21
白色护耳帽

彩图见第32页

工具：
2.0mm棒针

成品尺寸：
帽围56.5cm、帽深22cm

材料:
中粗羊毛线 白色150g、红色适量

编织密度：
花样编织A、B 17针×28行/10cm

结构图

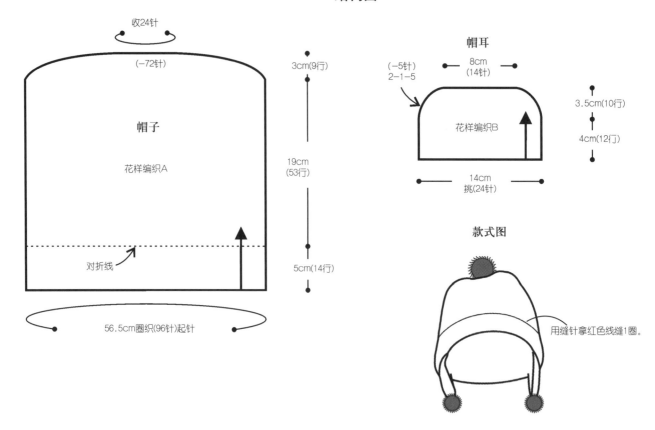

收24针

(-72针)

3cm(9行)

帽子

花样编织A

19cm
(53行)

对折线

5cm(14行)

56.5cm圈织(96针)起针

帽耳

(-5针)
2-1-5

8cm
(14针)

花样编织B

3.5cm(10行)

4cm(12行)

14cm
挑(24针)

款式图

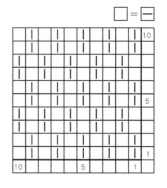

用缝针拿红色线缝1圈。

绒球的制作方法：

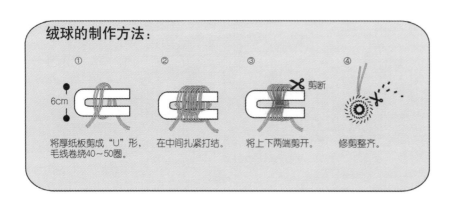

① 将厚纸板剪成"U"形，毛线卷绕40~50圈。

② 在中间扎紧打结。

③ 将上下两端剪开。 剪断

④ 修剪整齐。

6cm

花样编织B

□ = 一

106

花样编织A

□ = □

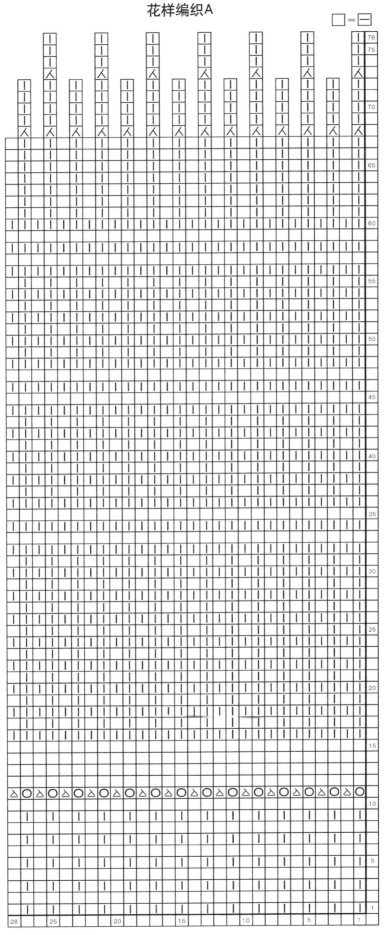

NO.22
米色镂空帽

彩图见第34页

工具: 5.5mm棒针

成品尺寸:
帽围54.5cm、帽深32.5cm

材料:
中粗羊毛线 米色100g

编织密度:
花样编织A、B 15针×18行/10cm

款式图

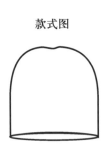

结构图

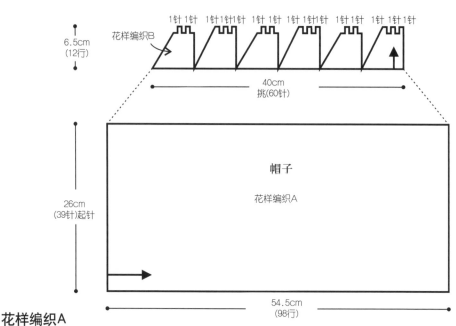

花样编织B
花样编织A

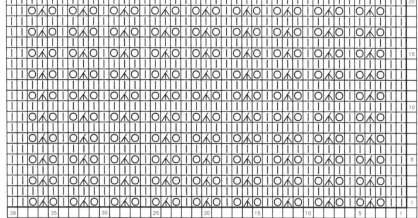

花样编织B

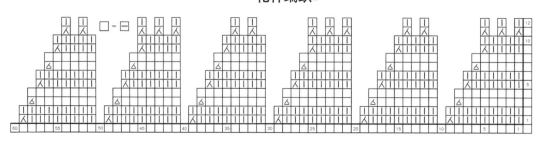

NO.23
黑白段染保暖帽

彩图见第36页

工具：
3.75mm棒针

成品尺寸：
帽围50cm、帽深23cm

材料:
中粗羊毛段染线 黑白色120g

编织密度：
花样编织A、B 16针×28行/10cm

结构图

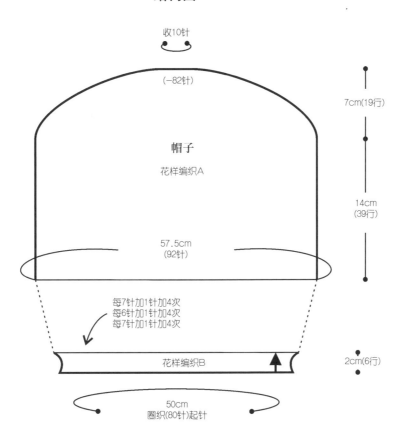

收10针

(-82针)

帽子

花样编织A

7cm(19行)

14cm
(39行)

57.5cm
(92针)

每7针加1针加4次
每6针加1针加4次
每7针加1针加4次

花样编织B

2cm(6行)

50cm
圈织(80针)起针

花样编织B

□ = □

款式图

12cm

花样编织A

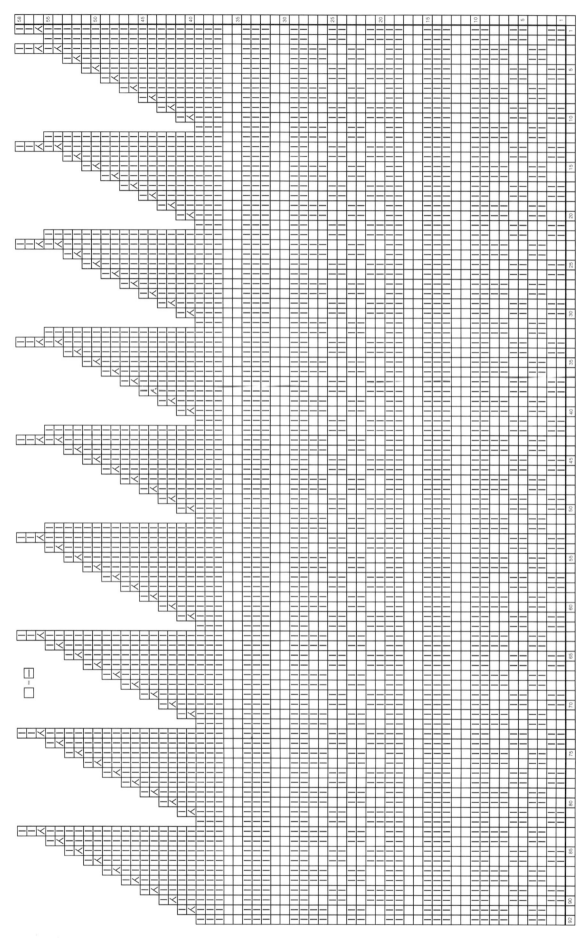

NO.24
红色卷边帽

彩图见第38页

工具：
3.25mm棒针

成品尺寸：
帽围43.5cm、帽深25.5cm

材料:
中粗羊毛线 红色100g

编织密度：
花样编织A、B　22针×32行/10cm

结构图

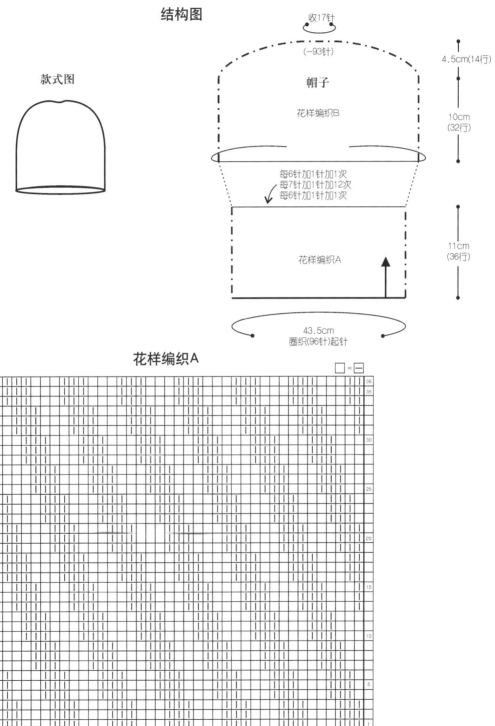

款式图

收17针

(−93针)

帽子

花样编织B

4.5cm(14行)

10cm
(32行)

每6针加1针加1次
每7针加1针加12次
每6针加1针加1次

花样编织A

11cm
(36行)

43.5cm
圈织(96针)起针

花样编织A

□=□

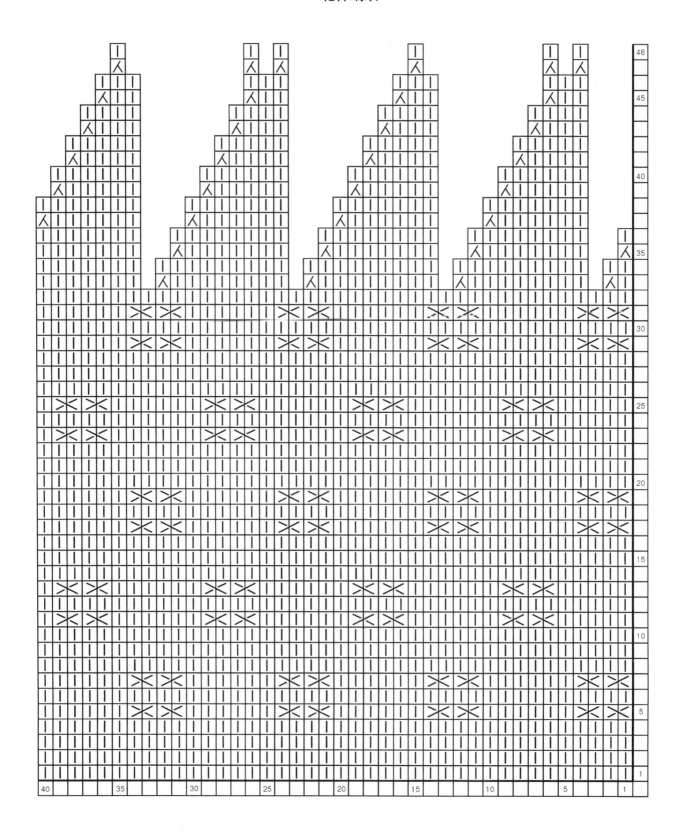

NO.25
紫色蝴蝶结花样帽

彩图见第40页

工具：
3.75mm棒针

成品尺寸：
帽围49.5cm、帽深24.5cm

材料:
中粗羊毛线 浅紫色150g

编织密度：
花样编织A、B　16针×26行/10cm

结构图

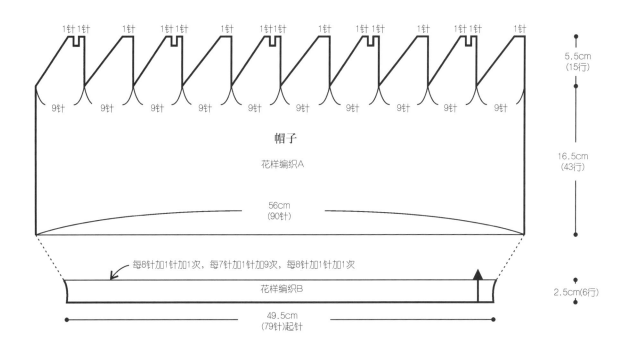

款式图

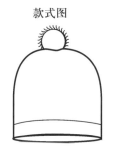

花样编织B

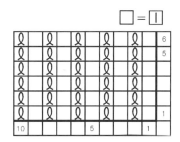

绒球的制作方法：

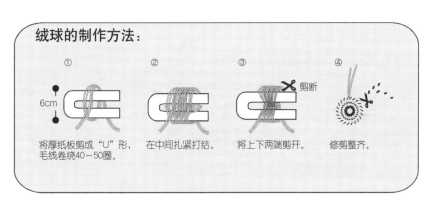

花样编织A

NO.26
米色斜纹帽

彩图见第42页

工具：
5.5mm棒针

成品尺寸：
帽围50cm、帽深24cm

材料：
中粗羊毛线 米色100g

编织密度：
花样编织　12针×23行/10cm
下针编织　10针×23行/10cm

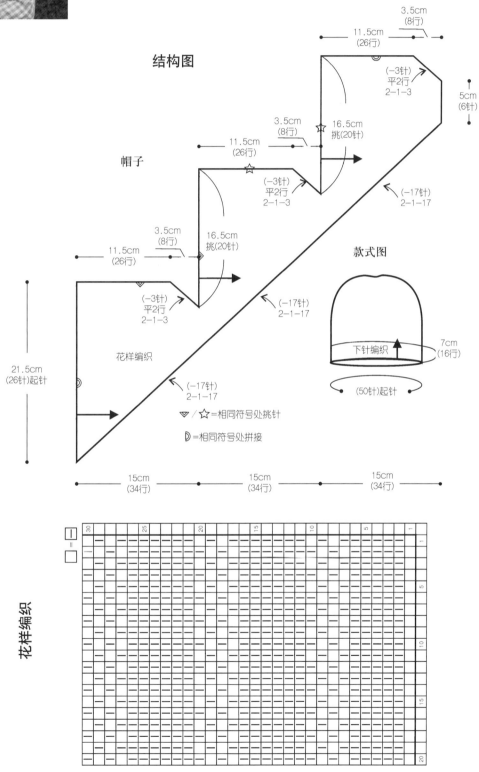

结构图

帽子

3.5cm
(8行)

11.5cm
(26行)

(−3针)
平2行
2−1−3

5cm
(6针)

3.5cm
(8行)

16.5cm
挑(20针)

11.5cm
(26行)

(−3针)
平2行
2−1−3

(−17针)
2−1−17

3.5cm
(8行)

16.5cm
挑(20针)

11.5cm
(26行)

(−3针)
平2行
2−1−3

(−17针)
2−1−17

21.5cm
(26针)起针

花样编织

(−17针)
2−1−17

款式图

下针编织

7cm
(16行)

(50针)起针

▽／☆=相同符号处挑针

〕=相同符号处拼接

15cm
(34行)

15cm
(34行)

15cm
(34行)

花样编织

NO.27
浅灰色貂绒帽

彩图见第44页

工具：
3.25mm棒针

成品尺寸：
帽围48cm、帽深31cm

材料:
中粗貂绒线 浅灰色120g

编织密度：
花样编织A、B，下针编织，
双罗纹编织　20针×32行/10cm

结构图

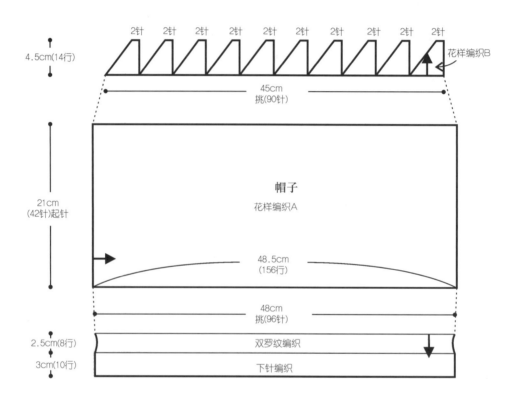

4.5cm(14行)

2针 2针 2针 2针 2针 2针 2针 2针 2针 2针

花样编织B

45cm
挑(90针)

帽子

花样编织A

21cm
(42针)起针

48.5cm
(156行)

48cm
挑(96针)

双罗纹编织

下针编织

2.5cm(8行)

3cm(10行)

花样编织B

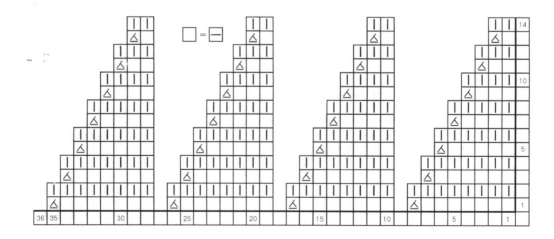

□=□

36 35 30 25 20 15 10 5 1

14 10 5 1

款式图

花样编织A

□ = □

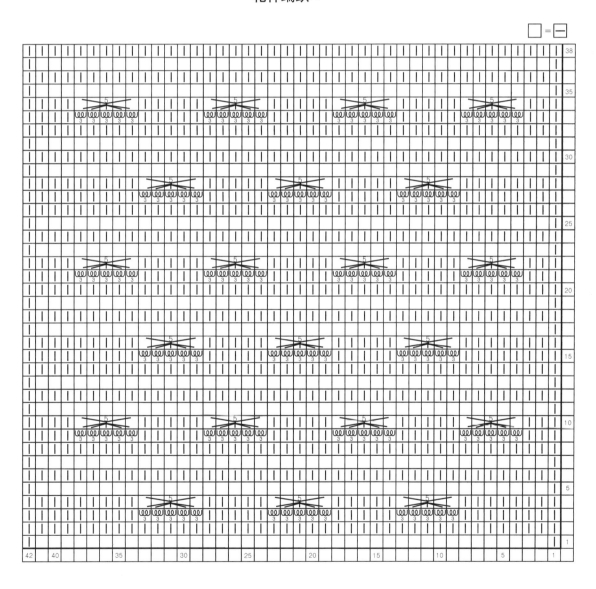

NO.28
红色圆球帽

彩图见第46页

材料:
中粗羊毛线 红色120g

工具:
3.75mm棒针

成品尺寸:
帽围50cm、帽深23cm

编织密度:
花样编织A、B　16针×28行/10cm

结构图

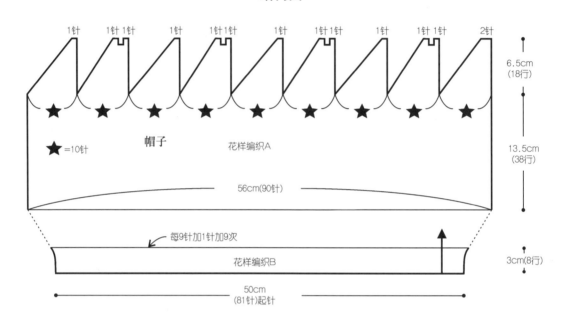

1针　1针 1针　1针　1针 1针　1针　1针 1针　1针　1针 1针 1针 2针

6.5cm (18行)

★=10针

帽子　　花样编织A

13.5cm (38行)

56cm(90针)

每9针加1针加9次

花样编织B

3cm(8行)

50cm (81针)起针

款式图

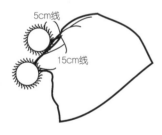

5cm线
15cm线

绒球的制作方法:

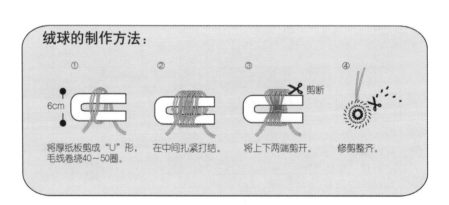

① 6cm
将厚纸板剪成"U"形,毛线卷绕40～50圈。

② 在中间扎紧打结。

③ 剪断
将上下两端剪开。

④ 修剪整齐。

花样编织B

□ = ─

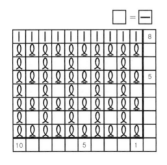

花样编织A

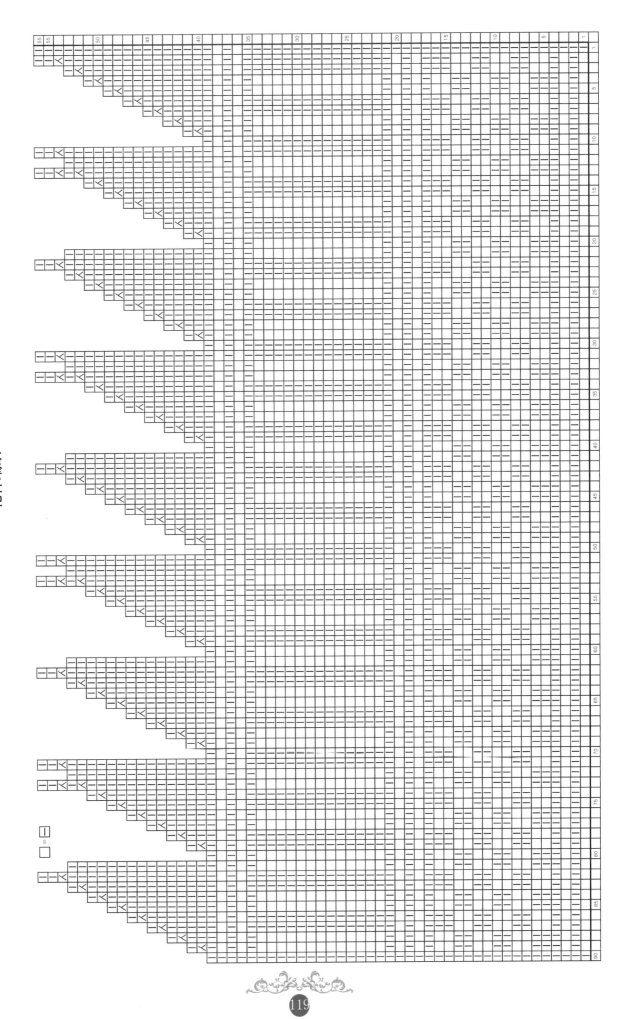

NO.29
蓝色叶子花样帽

彩图见第48页

工具：
3.75mm棒针

成品尺寸：
帽围54cm、帽深28cm

材料:
中粗羊毛线 蓝色160g

编织密度：
花样编织　16针×27行/10cm

结构图

款式图

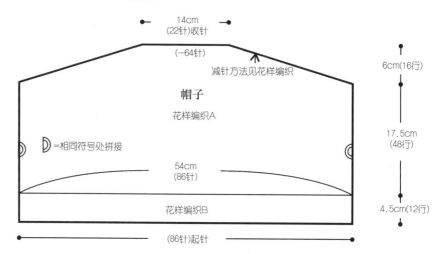

14cm
(22针)收针

(−64针)

减针方法见花样编织

帽子

花样编织A

◖ =相同符号处拼接

54cm
(86针)

花样编织B

(86针)起针

6cm(16行)

17.5cm
(48行)

4.5cm(12行)

绒球的制作方法：

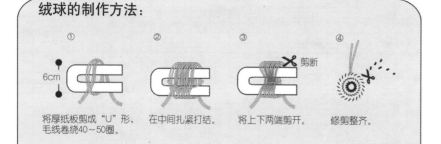

① 6cm 将厚纸板剪成"U"形，毛线卷绕40~50圈。

② 在中间扎紧打结。

③ 剪断 将上下两端剪开。

④ 修剪整齐。

花样编织B

□ = ─

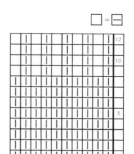

花样编织A

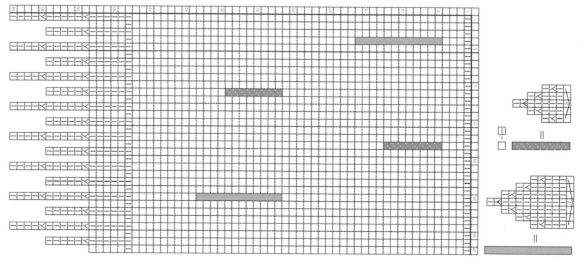

NO.30
灰色麻花帽
彩图见第50页

工具：
4.5mm棒针

成品尺寸：
帽围53cm、帽深25cm

材料:
中粗羊毛线 灰色150g

编织密度：
花样编织、单罗纹编织
18针×23行/10cm

绒球的制作方法：

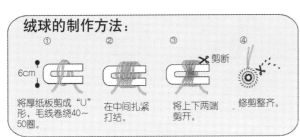

① 将厚纸板剪成"U"形，毛线卷绕40~50圈。 6cm
② 在中间扎紧打结。
③ 将上下两端剪开。 剪断
④ 修剪整齐。

款式图

结构图

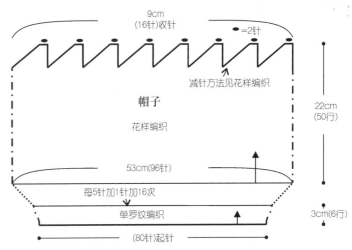

9cm（16针）收针
●=2针
减针方法见花样编织
帽子
花样编织
22cm（50行）
53cm（96针）
每5针加1针加16次
单罗纹编织
3cm（6行）
（80针）起针

花样编织

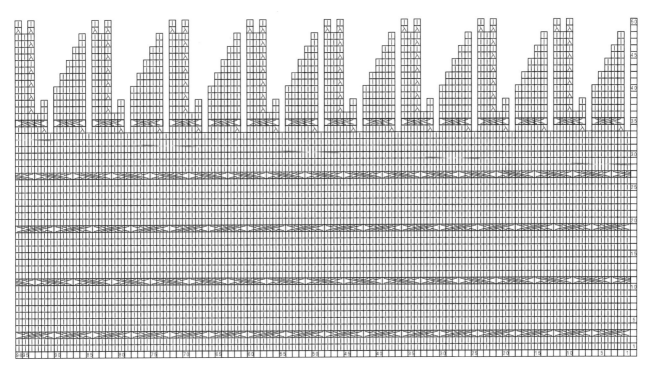

NO.31
黄色护耳圆球帽

彩图见第52页

工具：
5.5mm棒针

成品尺寸：
帽围49cm、帽深20cm

材料:
中粗羊毛线 柠檬黄色150g

编织密度：
花样编织 18针×21行/10cm

结构图

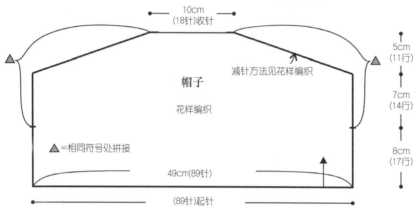

10cm
(18针)收针

5cm
(11行)

减针方法见花样编织

帽子

花样编织

7cm
(14行)

▲=相同符号处拼接

8cm
(17行)

49cm(89针)

(89针)起针

款式图

12cm

※在帽角穿3条双股毛线，编成一条长12cm的辫子，系上绒球。

绒球的制作方法：

① 6cm 将厚纸板剪成"U"形，毛线卷绕40～50圈。

② 在中间扎紧打结。

③ 剪断 将上下两端剪开。

④ 修剪整齐。

花样编织

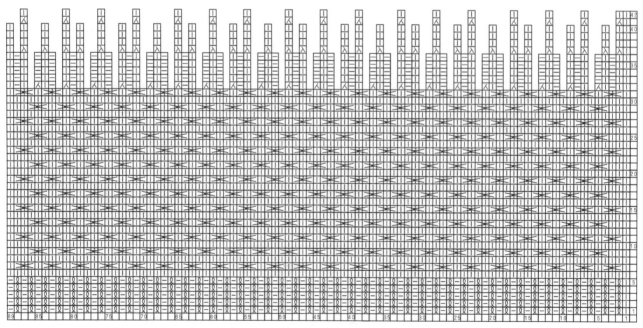

NO.32
浅灰色菱格保暖帽

彩图见第54页

工具：
3.75mm棒针

成品尺寸：
帽围58cm、帽深25.5cm

材料:
中粗羊毛线 浅灰色120g

编织密度：
花样编织A、B　16针×28行/10cm

结构图

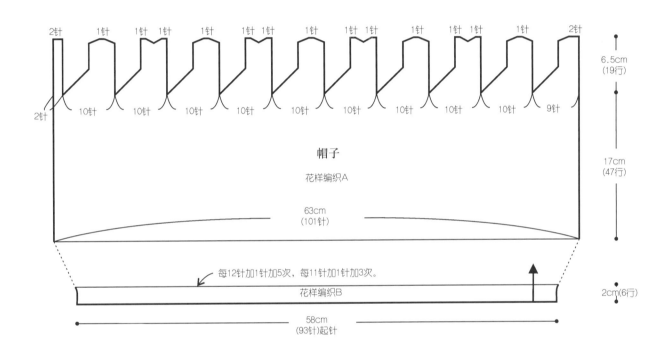

2针　1针　1针　1针　1针　1针 1针　1针　1针 1针　1针　1针 1针　1针　1针　2针

6.5cm
(19行)

2针　10针　10针　10针　10针　10针　10针　10针　10针　10针　9针

帽子

花样编织A

17cm
(47行)

63cm
(101针)

每12针加1针加5次，每11针加1针加3次。

花样编织B

2cm(6行)

58cm
(93针)起针

花样编织B

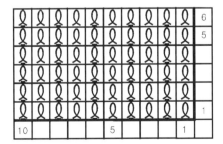

6
5

1

10　　5　　　1

款式图

花样编织A

NO.33
深玫红色桂花针帽

彩图见第56页

工具：
4.5mm棒针

材料：
中粗羊毛线 深玫红色150g

成品尺寸：
帽围55cm、帽深26cm

编织密度：
花样编织　15针×35行/10cm

款式图

结构图

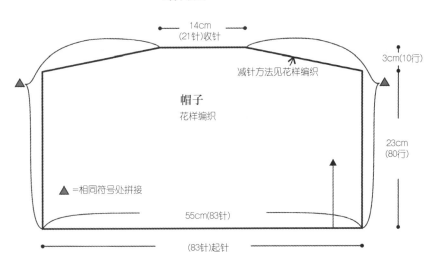

14cm
(21针)收针

3cm(10行)

减针方法见花样编织

帽子
花样编织

23cm
(80行)

▲=相同符号处拼接

55cm(83针)

(83针)起针

花样编织

NO.34
米色蝴蝶结兔绒帽

彩图见第58页

材料:
中粗兔绒线 米色100g

工具:
3.75mm棒针

成品尺寸:
帽围44cm、帽深24cm

编织密度:
花样编织、上针编织
18针×31行/10cm

结构图

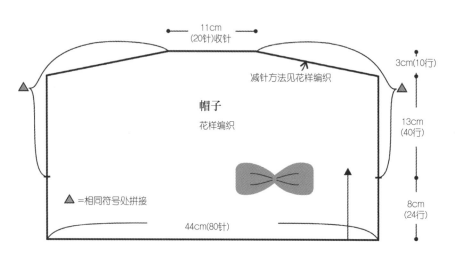

11cm
(20针)收针

3cm(10行)

减针方法见花样编织

帽子
花样编织

13cm
(40行)

▲=相同符号处拼接

8cm
(24行)

44cm(80针)

款式图

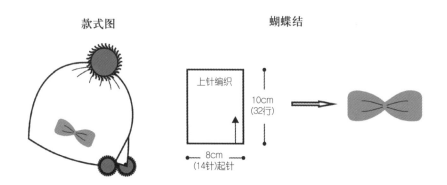

蝴蝶结

上针编织

10cm
(32行)

8cm
(14针)起针

花样编织

绒球的制作方法:

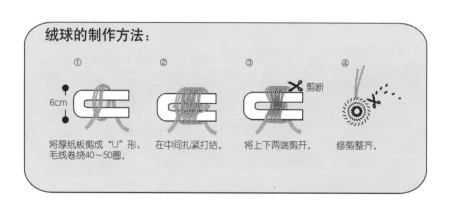

① 将厚纸板剪成"U"形，毛线卷绕40~50圈。
6cm

② 在中间扎紧打结。

③ 将上下两端剪开。 剪断

④ 修剪整齐。

126

NO.35
枣红色麻花围巾、帽子
彩图见第60页

材料：
围巾：中粗羊毛线 枣红色350g
帽子：中粗羊毛线 枣红色150g

工具：
5.5mm棒针

成品尺寸：
围巾长188.5cm、宽23.5cm
帽围55.5cm、帽深25cm

编织密度：
围巾 花样编织　17针×16行/10cm
帽子 花样编织　15针×22行/10cm

结构图

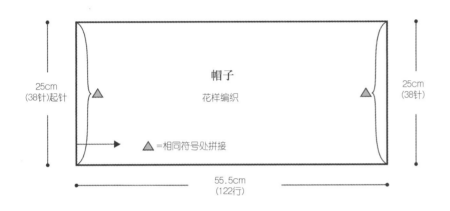

25cm
(38针)起针

25cm
(38针)

帽子
花样编织

▲ =相同符号处拼接

55.5cm
(122行)

款式图

※帽片拼接后，在帽顶位置每隔2行
对折穿一根40cm的毛线，穿好后把
所有的线在根部绑紧，分成5份，每
份编成辫子即可。

花样编织
帽子

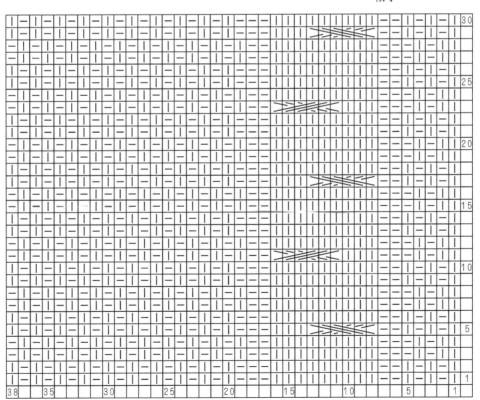

结构图

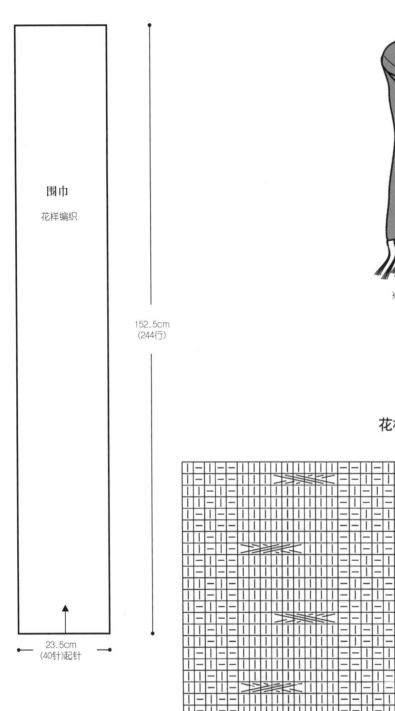

围巾

花样编织

152.5cm
(244行)

23.5cm
(40针)起针

款式图

※流苏=18cm

花样编织

围巾

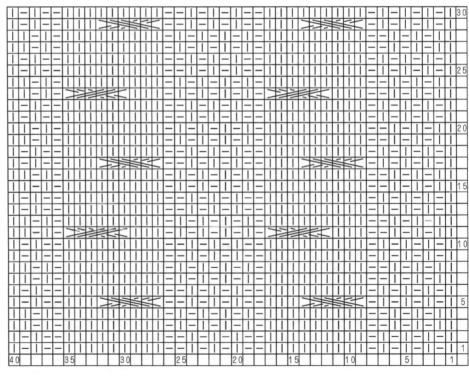

NO.36
橘色小圆球围巾、帽子
彩图见第62页

材料:
围巾　中粗羊毛线　橘色300g
帽子　中粗羊毛线　橘色120g

工具:
围巾　5.0mm棒针　帽子　3.25mm棒针

成品尺寸:
围巾长180cm、宽23.5cm
帽围51.5cm、帽深26.5cm

编织密度:
围巾　花样编织　17针×20行/10cm
帽子　花样编织A、B、C
　　　21针×31行/10cm

结构图

花样编织　　　　围巾

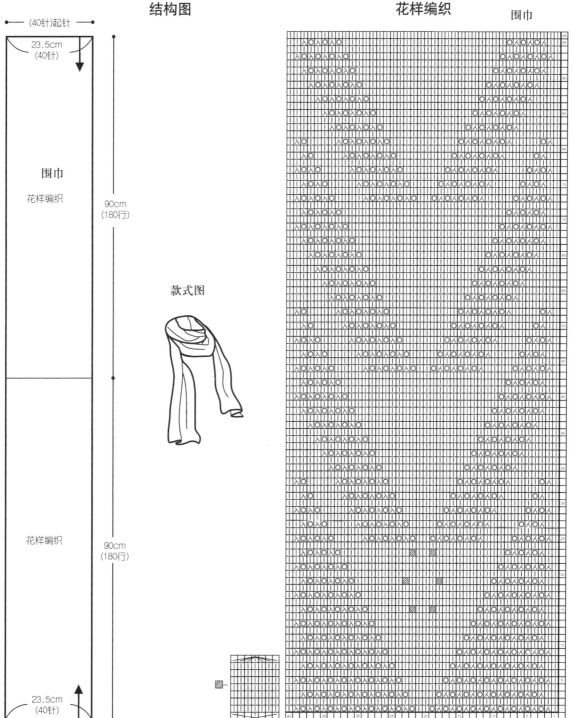

围巾
花样编织

23.5cm
(40针)

(40针)起针

90cm
(180行)

花样编织

90cm
(180行)

23.5cm
(40针)

(40针)起针

款式图

结构图

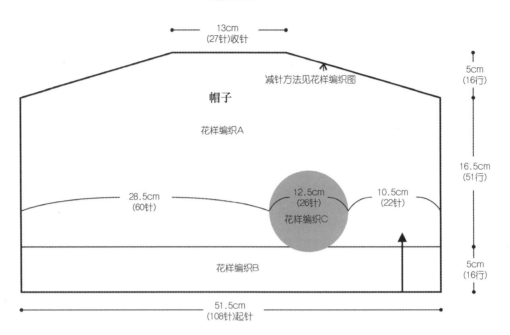

帽子

13cm
(27针)收针

减针方法见花样编织图

花样编织A

5cm
(16行)

28.5cm
(60针)

12.5cm
(26针)
花样编织C

10.5cm
(22针)

16.5cm
(51行)

花样编织B

5cm
(16行)

51.5cm
(108针)起针

花样编织B

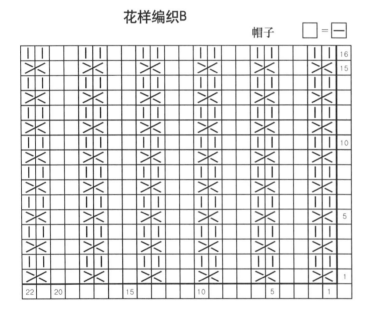

帽子   □=□

花样编织C

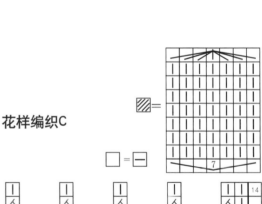

▨=

□=□

帽子

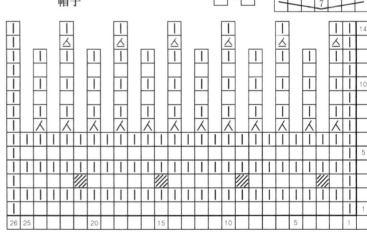

款式图

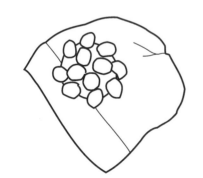

花样编织A

帽子　□ = ─

NO.37
灰、褐色简约帽子、围脖

彩图见第64页

材料:
围脖 中粗毛线 深灰色250g
帽子 中粗毛线 深褐色150g

工具:
围脖 5.0mm棒针　帽子 3.25mm棒针

成品尺寸:
围脖长111.5cm、宽22cm
帽围46cm、帽深29cm

编织密度:
围脖 花样编织　14针×21行/10cm
帽子 花样编织　19针×33行/10cm

结构图

围脖

花样编织

111.5cm
(234行)

▲=相同符号处拼接

22cm
(31针)起针

款式图

花样编织

围脖

结构图

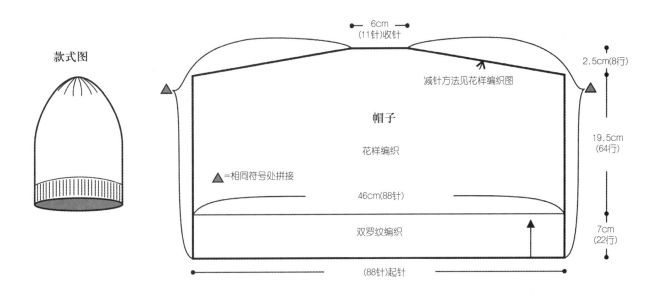

款式图

6cm
(11针)收针

2.5cm(8行)

减针方法见花样编织图

帽子

花样编织

19.5cm
(64行)

▲=相同符号处拼接

46cm(88针)

双罗纹编织

7cm
(22行)

(88针)起针

花样编织

帽子

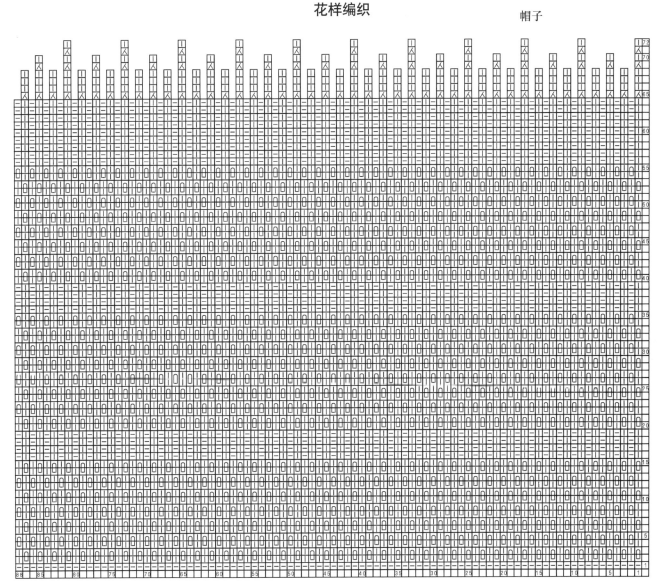

NO.38
蓝色斜纹帽子、围脖

彩图见第66页

材料:
围脖　中粗羊毛线 湖蓝色200g
帽子　中粗羊毛线 深蓝色100g

工具:
围脖　4.5mm棒针　　帽子　3.25mm棒针

成品尺寸:
围脖长124cm、宽23cm
帽围44cm、帽深25.5cm

编织密度:
围脖　花样编织　21针×20行/10cm
帽子　花样编织A、B
　　　21针×31行/10cm

结构图

围脖

花样编织

124cm
(248行)

▲=相同符号处拼接

23cm
(48针)起针

款式图

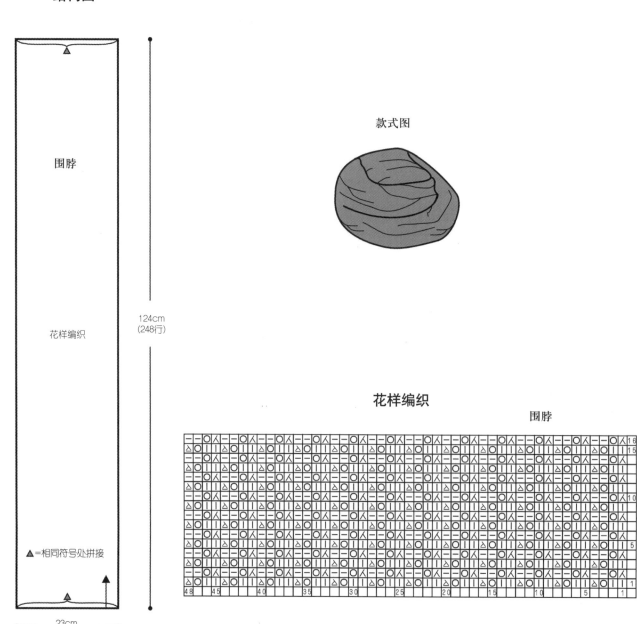

花样编织

围脖

花样编织A

帽子

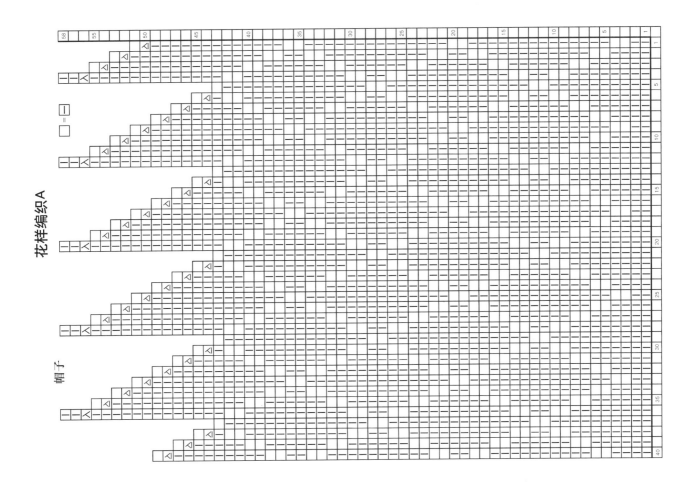

结构图

帽子

收13针

(−91针)

花样编织A

5cm(16行)

13.5cm
(42行)

每8针加1针加3次
每9针加1针加5次
每8针加1针加3次

花样编织B

7cm(22行)

44cm
圈织(93针)起针

花样编织B

帽子 □ = 〡

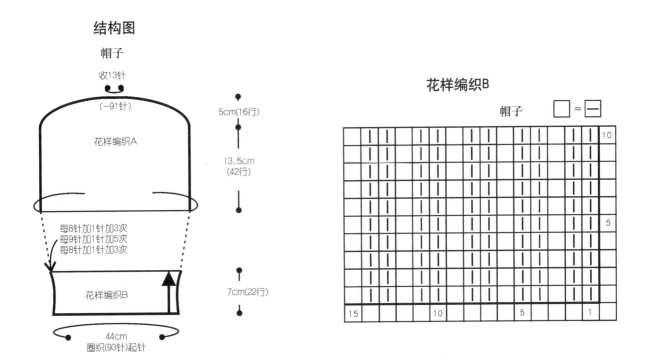

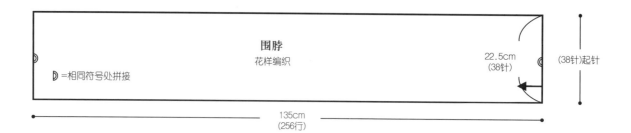

NO.39
灰色麻花帽、竖条纹围脖

彩图见第68页

工具：
围脖 5.5mm棒针　帽子 2.6mm棒针

成品尺寸：
围脖长135cm、宽22.5cm
帽围48cm、帽深26cm

编织密度：
围脖　花样编织　17针×19行/10cm
帽子　花样编织A、B
　　　22针×25行/10cm

材料：
围脖　中粗羊毛　线灰色220g
帽子　中粗羊毛　线灰色100g

结构图

围脖
花样编织

D =相同符号处拼接

22.5cm
(38针)

(38针)起针

135cm
(256行)

款式图

围脖　　　　　花样编织

□=□

30

25

20

15

10

5

1

38　　35　　　30　　　25　　　20　　　15　　　10　　5　　1

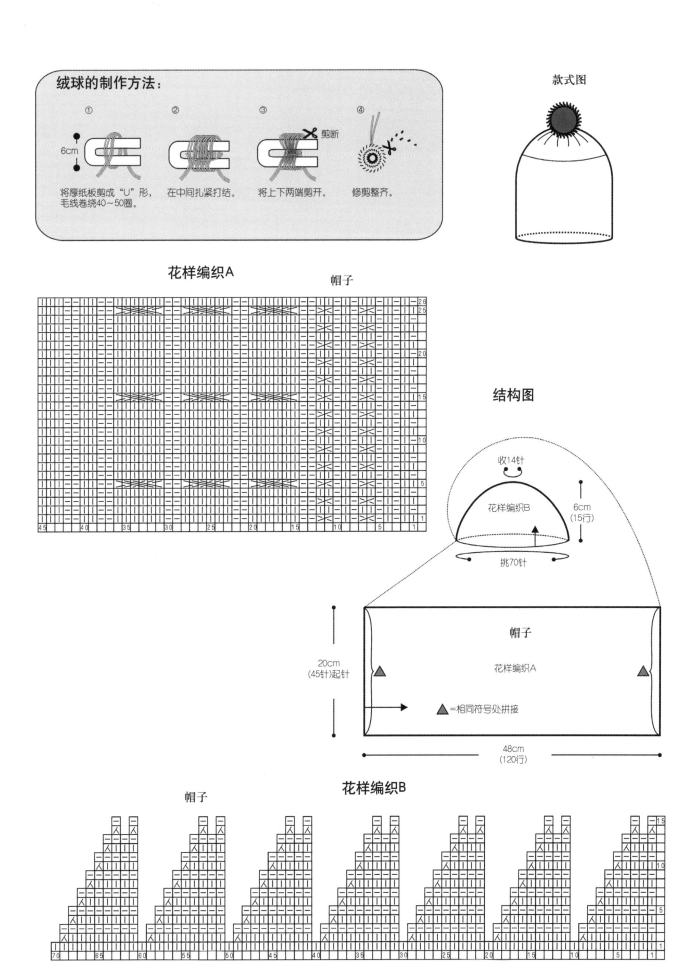

绒球的制作方法：

① 将厚纸板剪成"U"形，毛线卷绕40~50圈。

② 在中间扎紧打结。

③ 将上下两端剪开。 剪断

④ 修剪整齐。

6cm

款式图

花样编织A

帽子

结构图

收14针

花样编织B

6cm (15行)

挑70针

20cm (45针)起针

帽子

花样编织A

▲=相同符号处拼接

48cm (120行)

花样编织B

帽子

NO.40
黑色圆球帽、
黑灰拼色围脖

彩图见第70页

材料：
围脖　中粗羊毛线黑色110g、麻灰色50g
帽子　中粗羊毛线黑色150g

工具：
围脖　3.75mm棒针　　帽子　5.5mm棒针

成品尺寸：
围脖长139cm、宽22cm
帽围53cm、帽深22.5cm

编织密度：
围脖　花样编织　　18针×28行/10cm
帽子　花样编织、单罗纹编织
　　　15针×23行/10cm

结构图

	围脖		

花样编织 麻灰色　　　　　花样编织 黑色　　　　　22cm (40针)　　(40针)起针

41cm (115行)　　　　98cm (275行)

139cm (390行)

⟩=相同符号处拼接

款式图

花样编织

围脖

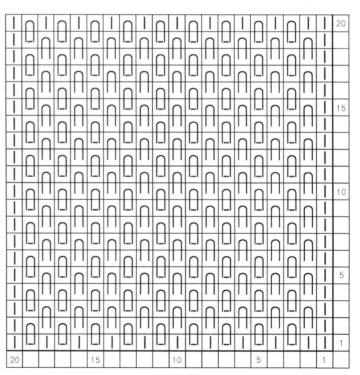

结构图

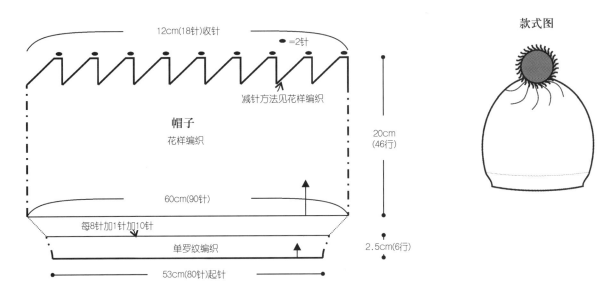

12cm(18针)收针

● =2针

减针方法见花样编织

帽子
花样编织

20cm
(46行)

60cm(90针)

每8针加1针加10针

单罗纹编织

2.5cm(6行)

53cm(80针)起针

款式图

绒球的制作方法:

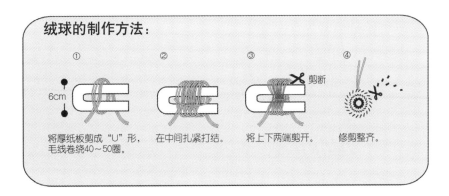

①	②	③	④
6cm		剪断	
将厚纸板剪成"U"形,毛线卷绕40~50圈。	在中间扎紧打结。	将上下两端剪开。	修剪整齐。

花样编织

帽子

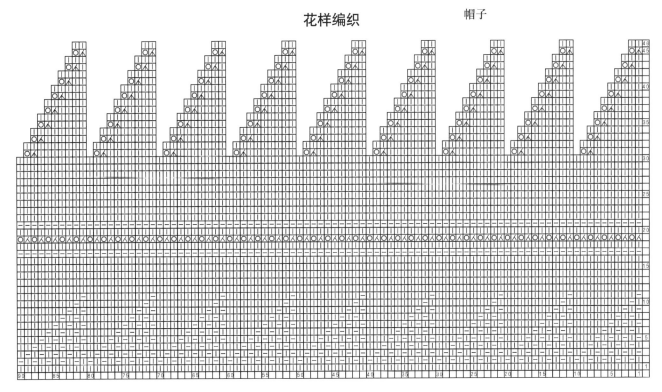

NO.41
米色波浪花样围巾、帽子

彩图见第72页

材料:
围巾　中粗羊毛线　米色450g
帽子　中粗羊毛线　米色150g

工具:
围巾　5.5mm棒针　　帽子　3.75mm棒针

成品尺寸:
围巾长233cm、宽20.5cm
帽围44.5cm、帽深29.5cm

编织密度:
围巾　花样编织　15针×20行/10cm
帽子　花样编织　19针×31行/10cm
　　　双罗纹编织
　　　22.5针×31行/10cm

款式图　　　　　结构图

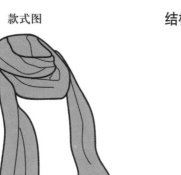

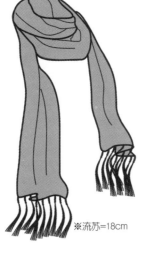

※流苏=18cm

花样编织

围巾

围巾

花样编织

197cm
(394行)

20.5cm
(31针)起针

结构图

款式图

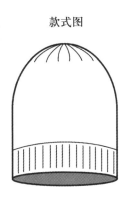

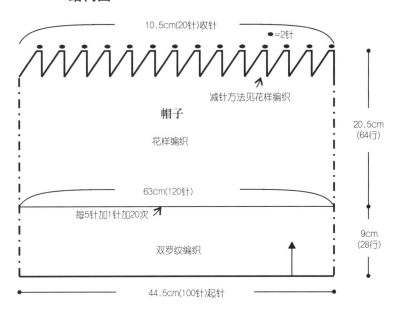

10.5cm(20针)收针

●=2针

帽子

花样编织

减针方法见花样编织

20.5cm
(64行)

63cm(120针)

每5针加1针加20次

双罗纹编织

9cm
(28行)

44.5cm(100针)起针

花样编织

帽子

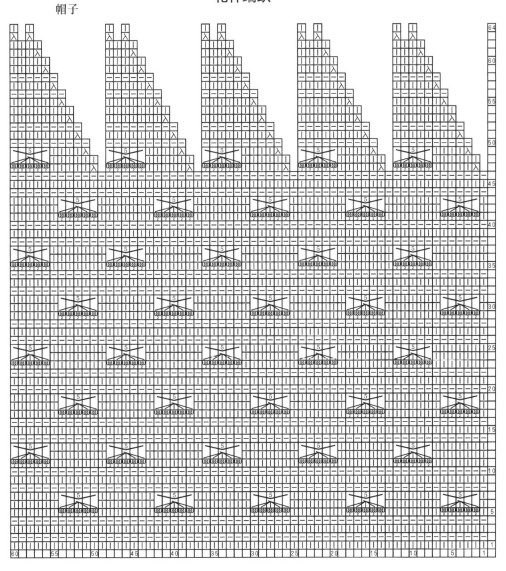

141

NO.42
白色方块花样帽子、镂空围脖

彩图见第74页

材料:
围脖　中粗羊毛线　白色180g
帽子　中粗羊毛线　白色120g

工具:
围脖 7.0mm棒针　帽子 3.5mm棒针

成品尺寸:
围脖长60cm、宽34.5cm
帽围40cm、帽深26cm

编织密度:
围脖　花样编织　11针×15行/10cm
帽子　花样编织、双罗纹编织
　　　21针×30行/10cm

结构图

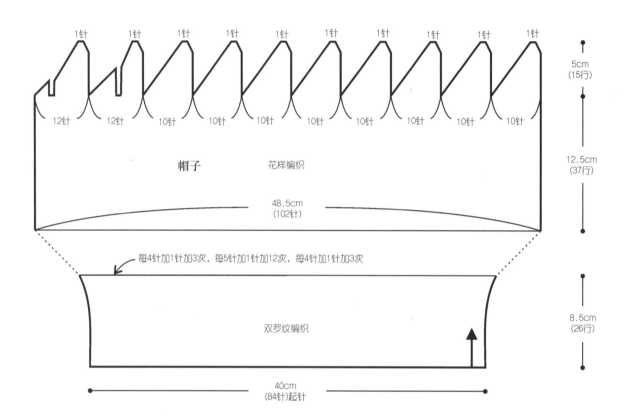

1针　1针　1针　1针　1针　1针　1针　1针　1针　1针

12针　12针　10针　10针　10针　10针　10针　10针　10针　10针

帽子　　花样编织

48.5cm
(102针)

5cm
(15行)

12.5cm
(37行)

每4针加1针加3次，每5针加1针加12次，每4针加1针加3次

双罗纹编织

8.5cm
(26行)

40cm
(84针)起针

款式图

帽子

花样编织

□=□

143

花样编织

款式图

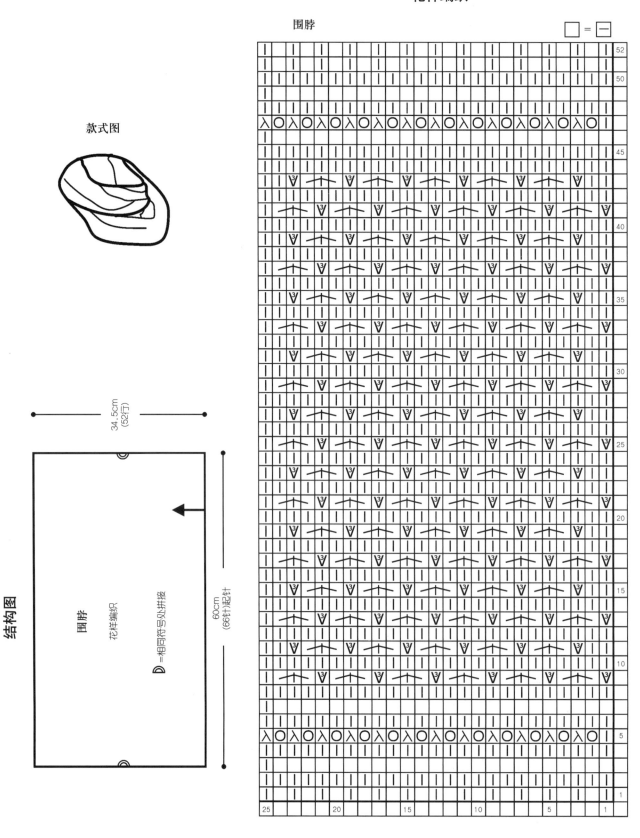

围脖

结构图

围脖

花样编织

⊃=相同符号处拼接

34.5cm
(52行)

60cm
(66针)起针

□ = 一

NO.43
白色蝴蝶结帽子、
叶子花样围巾

彩图见第76页

材料：
围巾　中粗羊毛线　白色400g
帽子　中粗羊毛线　白色100g

工具：
围巾　4.5mm棒针　　帽子　3.75mm棒针

成品尺寸：
围巾长164cm、宽28.5cm
帽围52.5cm、帽深24cm

编织密度：
围巾　花样编织　20针×18行/10cm
帽子
花样编织A、B　19针×38行/10cm

结构图

款式图

花样编织

围巾

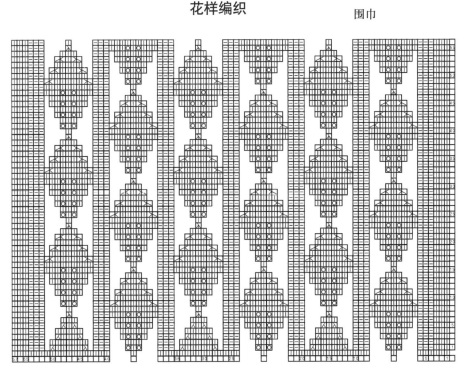

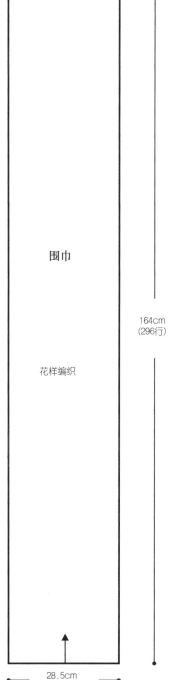

围巾

164cm
(296行)

花样编织

28.5cm
(57针)起针

145

结构图

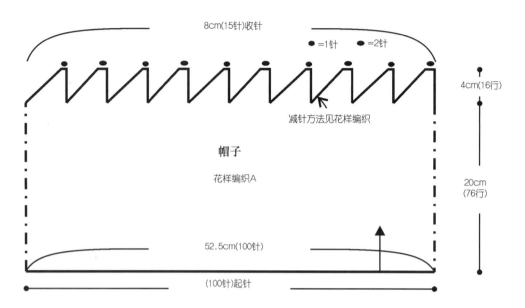

8cm(15针)收针

●=1针 ●●=2针

4cm(16行)

减针方法见花样编织

帽子

花样编织A

20cm
(76行)

52.5cm(100针)

(100针)起针

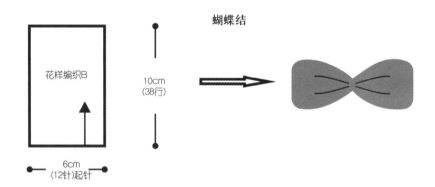

花样编织B

10cm
(38行)

蝴蝶结

6cm
(12针)起针

花样编织B
帽子

I	—	I	—	I	—	I	—	I	—	10
										5
										1
10				5					1	

款式图

花样编织A

帽子

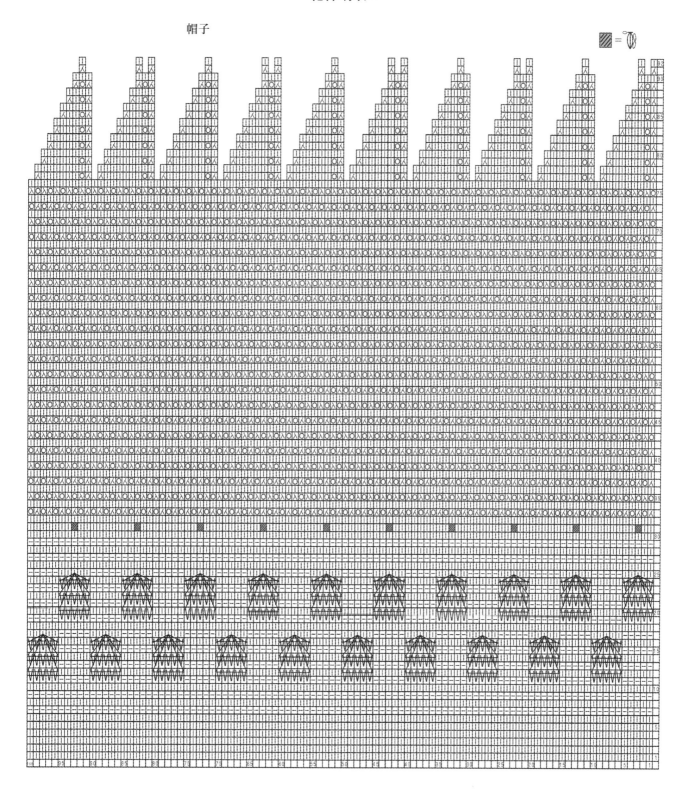

NO.44
米色圆球护耳帽、
肉粉色麻花围巾

彩图见第78页

材料:
围巾　中粗羊毛线　肉粉色400g
帽子　中粗羊毛线　米色100g

工具:
围巾　6.0mm棒针　　帽子　3.75mm棒针

成品尺寸:
围巾长231.5cm、宽22.5cm
帽围52cm、帽深20.5cm

编织密度:
围巾　花样编织　16针×12.5行/10cm
帽子　花样编织、上下针编织
　　　12.5针×31行/10cm

款式图

※流苏=15cm

花样编织

围巾

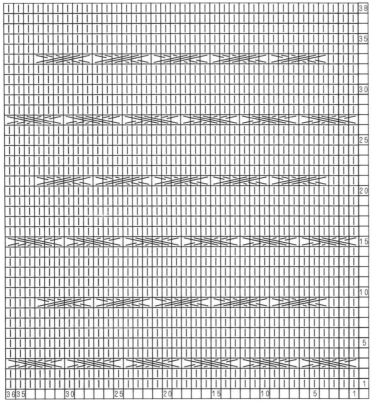

结构图

围巾

花样编织

201.5cm
(252行)

22.5cm
(36针)起针

结构图

13.5cm
(17针)收针

减针方法见花样编织

帽子

花样编织

▲ =相同符号处拼接

52cm(65针)

(65针)起针

2cm(7行)

9.5cm
(29行)

9cm
(28行)

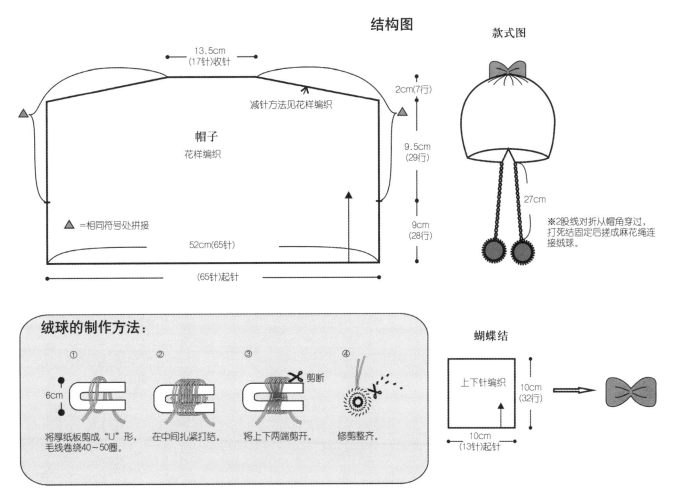

款式图

27cm

※2股线对折从帽角穿过，
打死结固定后搓成麻花绳连
接绒球。

绒球的制作方法：

① 6cm 将厚纸板剪成"U"形，
毛线卷绕40~50圈。

② 在中间扎紧打结。

③ 剪断 将上下两端剪开。

④ 修剪整齐。

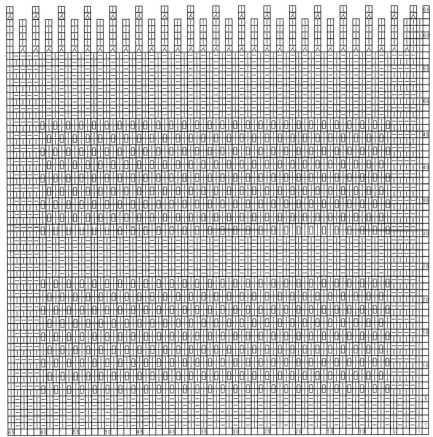

蝴蝶结

上下针编织

10cm
(32行)

10cm
(13针)起针

帽子

花样编织

NO.45
白色镂空貂绒帽、
紫白拼色镂空围脖

彩图见第80页

材料:
围脖 中粗羊毛线 白色120g、紫色80g
帽子 中粗羊毛线 白色100g

工具:
围脖 6.0mm棒针 帽子 4.5mm棒针

成品尺寸:
围脖长126cm、宽21.5cm
帽围53cm、帽深24cm

编织密度:
围脖 花样编织 14针×16行/10cm
帽子 花样编织 17针×29行/10cm

结构图

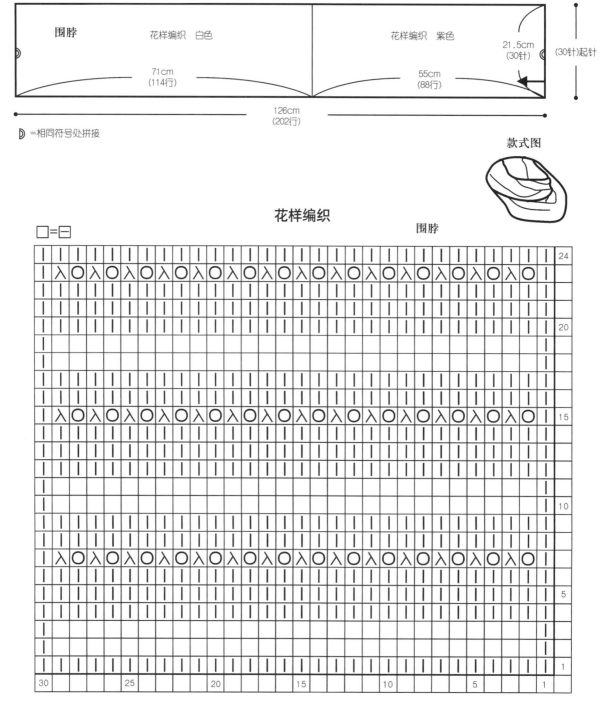

围脖

花样编织 白色

花样编织 紫色

21.5cm
(30针)

(30针)起针

71cm
(114行)

55cm
(88行)

126cm
(202行)

▷ =相同符号处拼接

款式图

花样编织

□=□

围脖

结构图

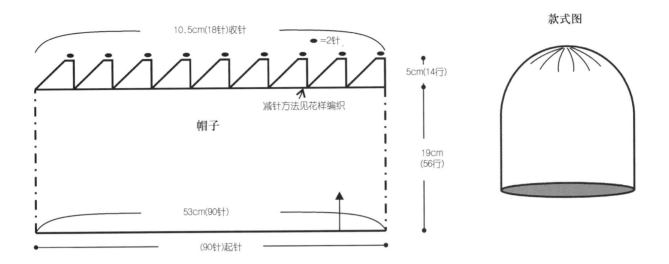

10.5cm(18针)收针

● =2针

5cm(14行)

减针方法见花样编织

帽子

19cm
(56行)

53cm(90针)

(90针)起针

款式图

花样编织

帽子

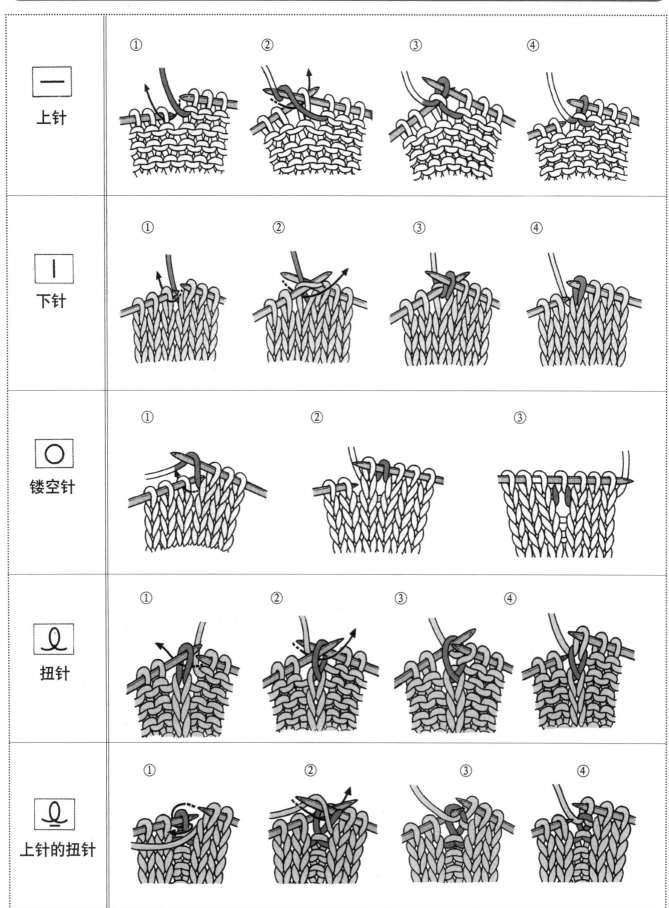

一 上针		
I 下针		
○ 镂空针		
ℓ 扭针		
ℓ 上针的扭针		

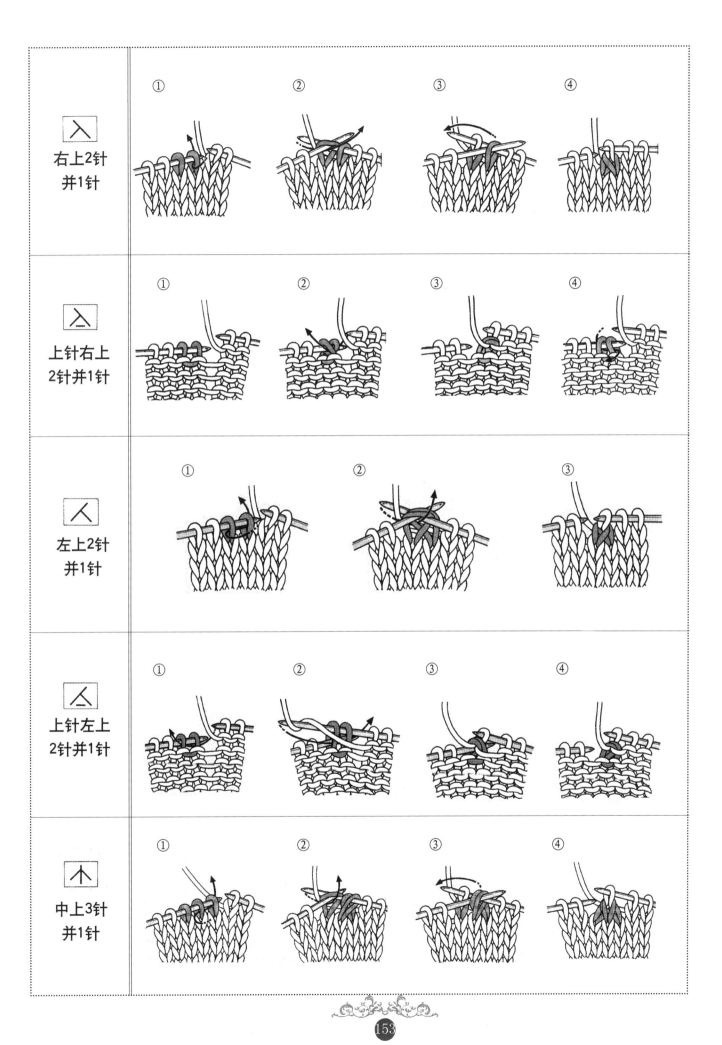

| 入 | ① | ② | ③ | ④ |
| 右上2针并1针 | | | | |

| 入 | ① | ② | ③ | ④ |
| 上针右上2针并1针 | | | | |

| 人 | ① | ② | ③ |
| 左上2针并1针 | | | |

| 人 | ① | ② | ③ | ④ |
| 上针左上2针并1针 | | | | |

| 木 | ① | ② | ③ | ④ |
| 中上3针并1针 | | | | |

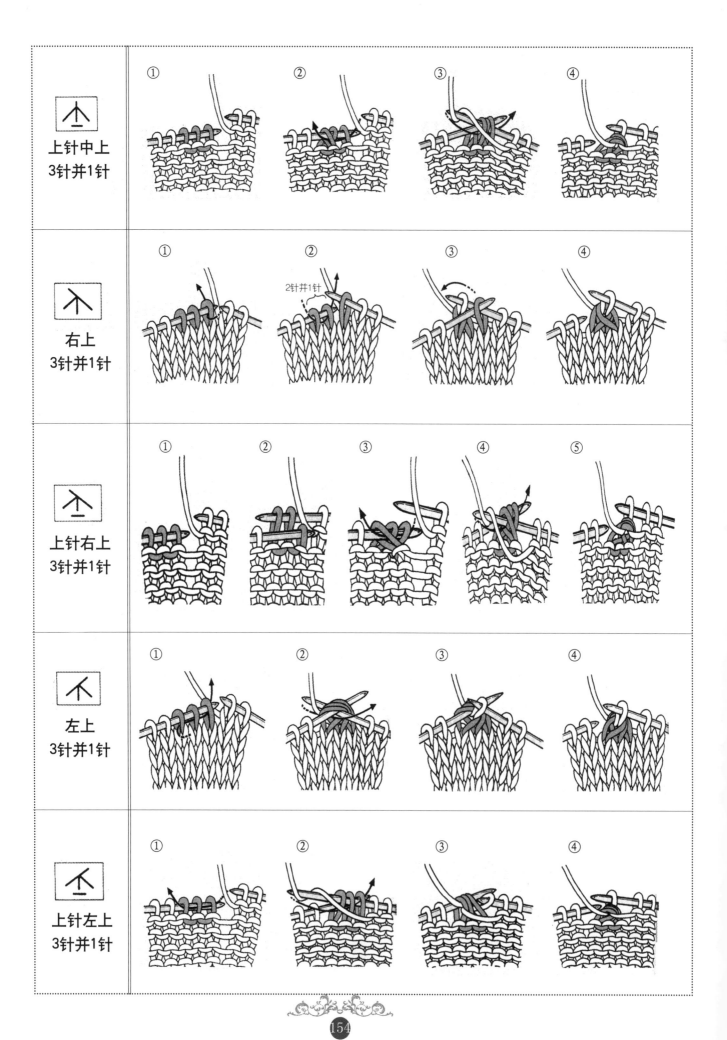

上针中上
3针并1针

右上
3针并1针

上针右上
3针并1针

左上
3针并1针

上针左上
3针并1针

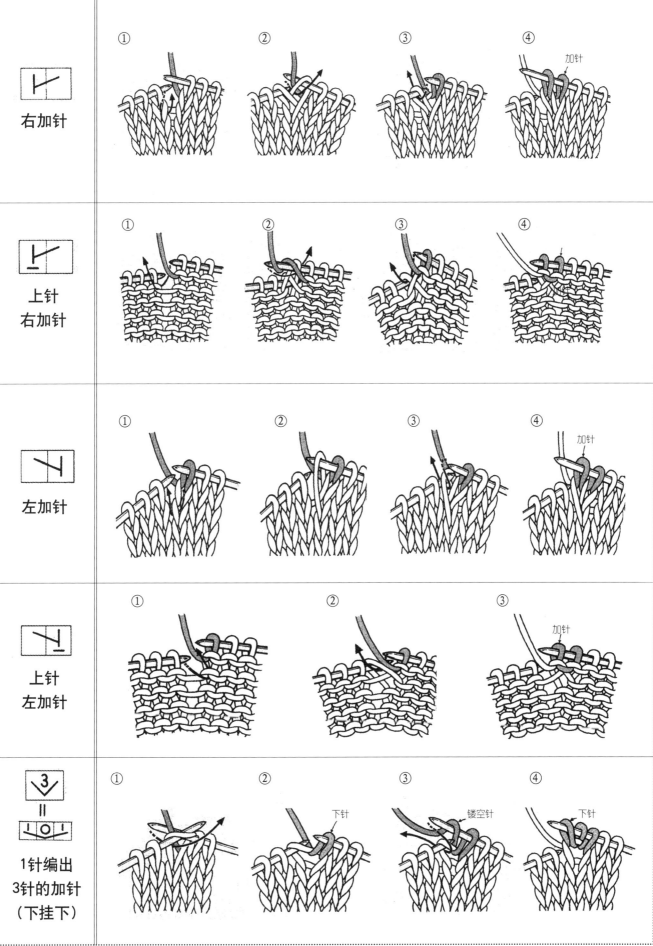

右加针	①	②	③	④ 加针
上针右加针	①	②	③	④
左加针	①	②	③	④ 加针
上针左加针	①	②	③ 加针	
1针编出3针的加针（下挂下）	①	② 下针	③ 镂空针	④ 下针

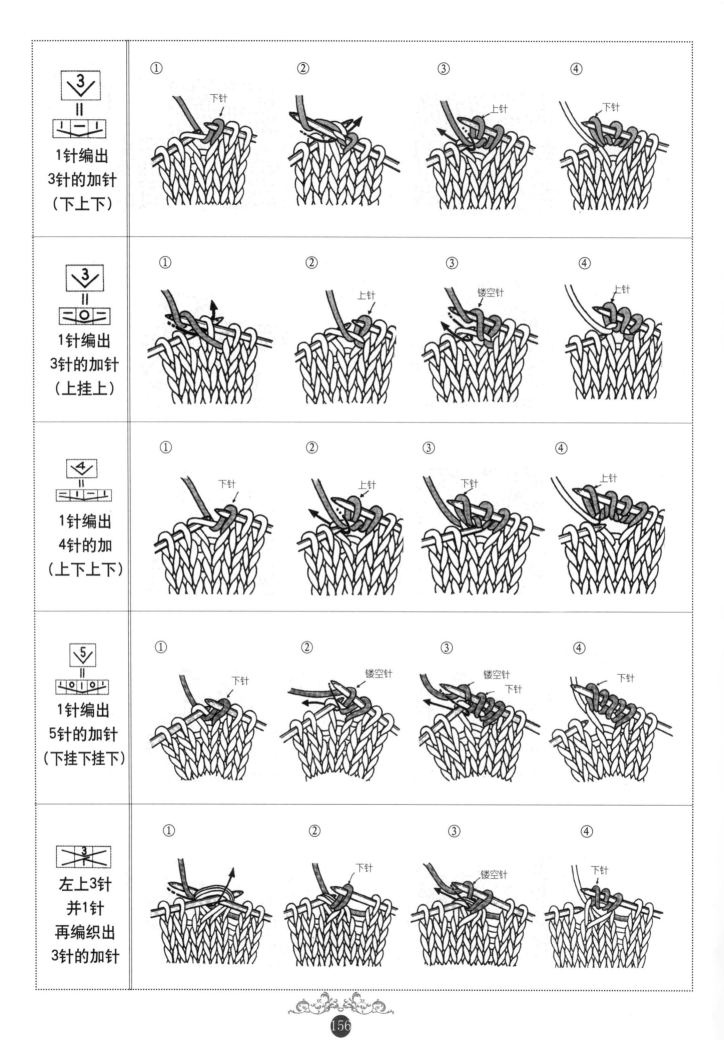

③	①	②	③	④

1针编出
3针的加针
（下上下）

1针编出
3针的加针
（上挂上）

1针编出
4针的加
（上下上下）

1针编出
5针的加针
（下挂下挂下）

左上3针
并1针
再编织出
3针的加针

下针

上针　下针

下针　上针　镂空针　上针

下针　上针　下针　上针

下针　镂空针　镂空针　下针

下针　镂空针　下针

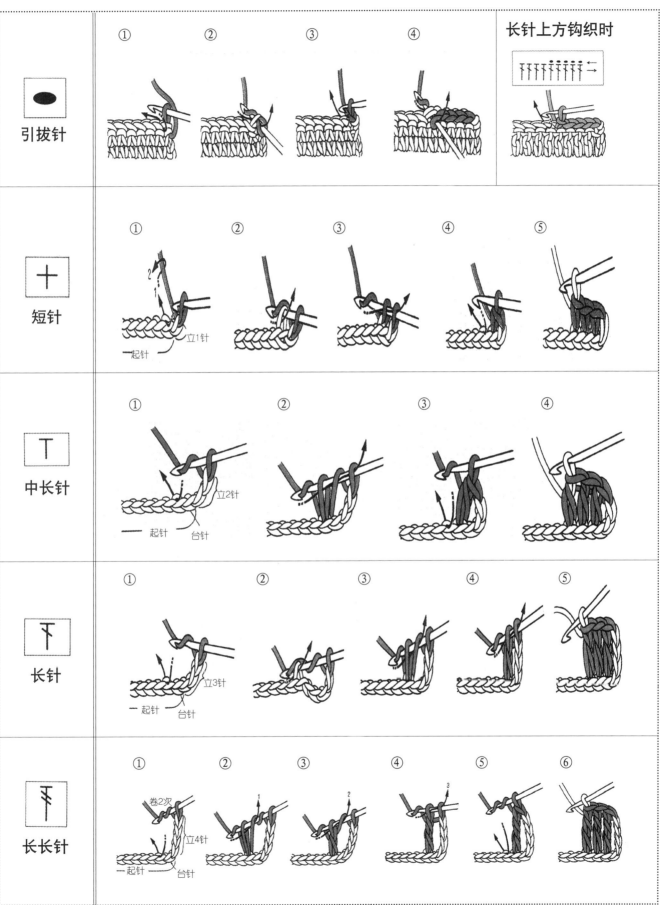

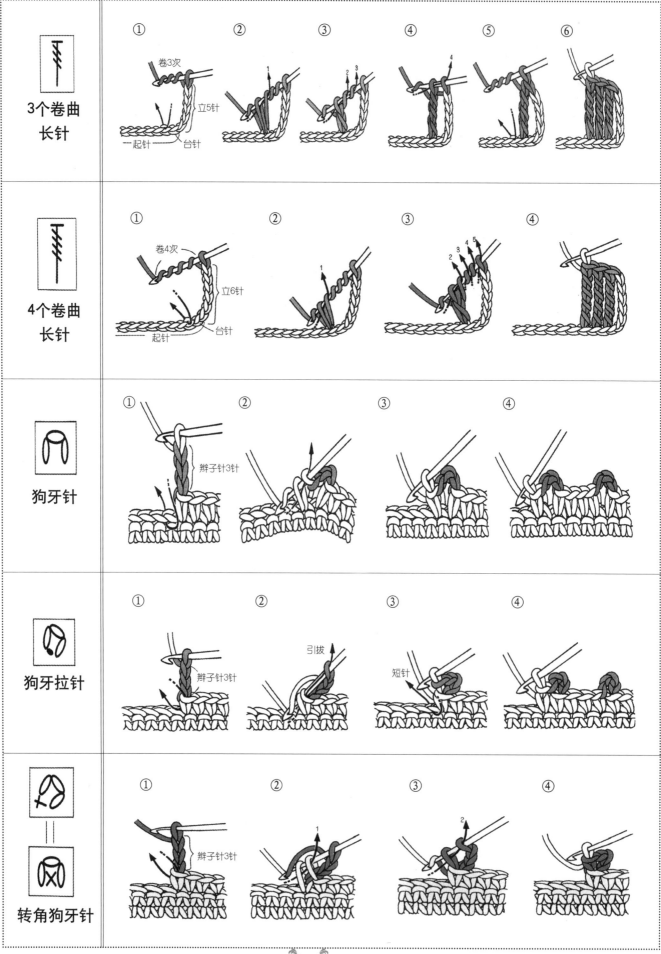

	①	②	③	④	⑤	⑥
3个卷曲长针	卷3次　立5针　一起针　台针					
4个卷曲长针	卷4次　立6针　起针　台针					
狗牙针	辫子针3针					
狗牙拉针	辫子针3针　引拔　短针					
转角狗牙针	辫子针3针					

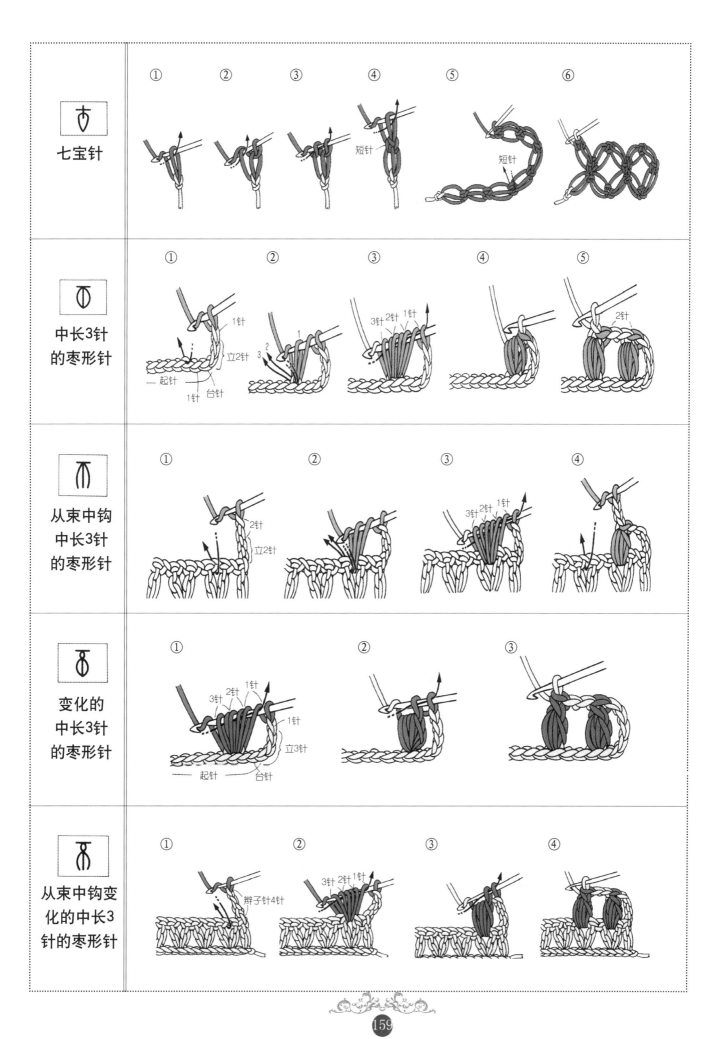

七宝针	① ② ③ ④ 短针 ⑤ 短针 ⑥
中长3针的枣形针	① 1针 立2针 起针 1针 台针 ② 1 2 3 ③ 3针 2针 1针 ④ ⑤ 2针
从束中钩中长3针的枣形针	① 2针 立2针 ② ③ 3针 2针 1针 ④
变化的中长3针的枣形针	① 3针 2针 1针 1针 立3针 起针 台针 ② ③
从束中钩变化的中长3针的枣形针	① 辫子针4针 ② 3针 2针 1针 ③ ④

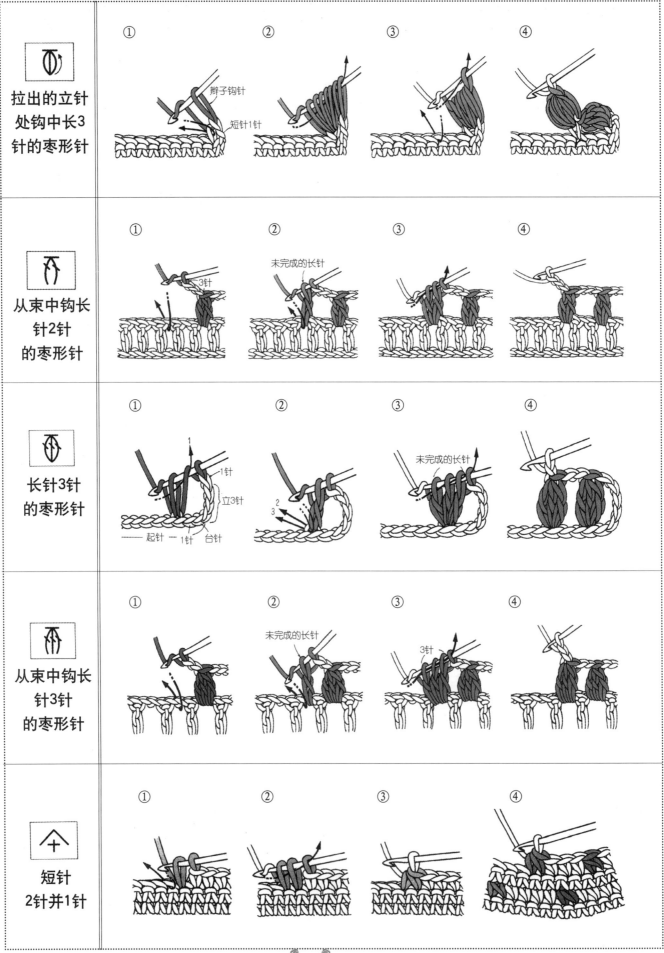

	①	②	③	④
拉出的立针处钩中长3针的枣形针	辫子钩针 短针1针			
从束中钩长针2针的枣形针	3针	未完成的长针		
长针3针的枣形针	1针 立3针 起针 1针 台针	2 3	未完成的长针	
从束中钩长针3针的枣形针		未完成的长针	3针	
短针2针并1针				